达尔文

的物种起源

插图版

DARWIN
Une origine des espèces

[英] 查尔斯·达尔文（Charles Darwin） 著

[法] 贝尔纳-皮埃尔·莫兰（Bernard-Pierre Molin）

[法] 乔吉娅·诺埃·沃林斯基（Georgia Noël Wolinski） 绘

潘雷 译

人民邮电出版社

北京

科科斯群岛

毛里求斯岛

开普敦

乔治王湾

霍巴特

推荐序

能够为这本书作序，感到很欣慰。达尔文的《物种起源》是划时代的科学与思想巨著。据说，曾有一位学者提出，应把是否阅读过《物种起源》作为一个人受过正规教育的标准之一。现实的情况是，无论是公众，还是学者，对达尔文进化学说的误解以及无谓的争论之多，常常让我感到吃惊。其中一个原因是争论的双方，很多人都没有真正看过达尔文的原著。对于中国读者来说，还有一个原因是严复先生将进化论引进中国的时候，本来就是有所取舍的，而且还揉进了社会达尔文主义的思想，因此严复先生的《天演论》虽出自赫胥黎的《进化论与伦理学》，但经过严复的选材和"配菜"，由"西餐"完全做成了"中餐"，一道适合当时急于改变中国落后局面的中国精英人士口味的大餐。

本书的编者贝尔纳 – 皮埃尔·莫兰是一位编剧和作家，从而能够用通俗的语言讲述达尔文原著中有关进化论最为精彩的部分与案例，包括了一些科学方法论方面的基础知识，以及达尔文的生平故事。此外，本书配有许多幅知名插画家的手绘插图，从而大大增加了可读性与趣味性。将巨著《物种起源》改写成易读的缩略本，某种意义上也是一种折衷和与时俱进的办法，目的是为了吸引和方便读者对达尔文进化论的理解。因此，虽然本书重点阐述了原著 13 章中的 4 章，对于其他的章节只做了极其简要的概括，但是我想如果读者从本书的阅读中对进化论产生了浓厚的兴趣，并愿意从其他的中文作品中继续了解达尔文原著的完整内容，这不也是本书编写的初衷吗?

本书译者潘雷是一位多才多艺的青年学者。在陕西师范大学本科的时候便与我有些联系，毕业前便在中国古脊椎动物学的年会上做过口头报告，本来能够成为我的研究生，但因为一些缘故，没有学习古鸟类，而是在我的建议下，在中科院古脊椎动物与古人类研究所（简称古脊椎所）获得了古人类学的硕士学位，然后留学法国，并在那里获得了古人类学的博士学位，随后又回到古脊椎所，逐渐成为了一名优秀的古人类学家。潘雷具有很好的英文与法文功底，因此她翻译的文字严谨而优美。

　　我相信，本书的内容与编写的风格适合各个年龄段的读者。衷心希望，本书能够受到读者们的喜爱。

周忠和

中国科学院院士，中国科普作家协会理事长

序　言

查尔斯·达尔文的《物种起源》是具有开创性的巨著之一，是人类历史上的里程碑，改变了人们的思想。尽管这部著作扣人心弦、家喻户晓，但它的篇幅很长，有些部分还晦涩难懂、陈旧过时，所以现在已经很少有人去读了。

《物种起源》首次出版于 1859 年，确实已经不再年轻。在 19 世纪，科学知识还没有在社会上普及，那个时代，达尔文的目标读者是懂得读书、能识字、有闲暇、有文化的群体。另外，他创建这个革命性的理论，靠的是极强的观察力和推理能力；但显然，他掌握的知识——特别是遗传学方面的还不全面。几十年后，我们已经掌握演化背后的遗传机制，证实了达尔文的大部分假说。

从体例上来讲，《物种起源》也很陈旧。虽然我们敬佩达尔文的远见卓识，但也必须承认他不是一个伟大的作家。当时，达尔文震惊于自己的发现与直觉，他意识到自己的理论将会引起轰动，但他同时也是一名天主教徒。进化论与当时的主流思想和宗教教义相抵触，因此他在书中运用了一些语言艺术和修辞手法，以此让自己的理论变得容易被接受。

达尔文的谨慎是有道理的。虽然众多的自然学家、植物学家和地质学家支持他的观点，但当时的人们普遍坚信，上帝在创世第六日用泥土亲手塑造了人类，因此达尔文的学说受到了严厉的责难。他的观点是：人类和其他生命一样，是经历了千百万次变异的产物，并且与猴子有一个遥远的共同的祖先。在当时，这种革命性的观点也让达尔文成了很多讽刺画的主角。

今天，虽然演化论已经被科学界普遍接受，但它还是时常被误解、误用和滥用，并且仍然存在争议。例如，优生学是自然选择理论的延伸，它研究的是通过限制移民以及对被认为有缺陷的人群实施绝育手术来改良人口品质（优生学是研究如何改良人的遗传素质，产生优秀后代的学科，分为积极优生学与消极优生学，此处为消极优生学表意）。虽然优生学与自然选择理论有一定联系，但达尔文并没有对这种消极优生学的思潮推波助澜；相反，他还强烈反对社会学家赫伯特·斯宾塞提出的学说——将适者生存的理论应用到人类社会中。这种"社会达尔文主义"的理论压制了社会保护、援助贫困人口和其他慈善事业的发展，人类群体之间，包括所谓"人种"之间的竞争变得普遍了。

另一方面，达尔文优美的理论刚刚问世便受到教廷的抨击，直到今天仍然受到一些宗教界人士的质疑。在一些国家，神创论又以极大的声势卷土重来，威胁着人们的智识。

近年来，这种迷信对科学的威胁，使我们意识到我们应当让这本基础著作重焕光彩，让它变得符合如今的时代，简洁易懂，因此我们在书中添加了插图，让这本书读起来妙趣横生。由于原著对大部分读者的知识储备等要求过高，我们仅选取了原著 13 章中的 4 章构成本书，将长达 500 页的作品浓缩成精华。原著前 4 章的论据已经足够支持达尔文提出的理论，之后章节的内容则是他对学说的讨论和思辨。虽然在本书中，我们精简了作者的文字，但仍然遵循了他的论证思路、想法与行文风格。

我们呈现给读者的是《物种起源》原著的精简版。这本巨著的作者似乎是个天才，他凭借不多的科学知识（相对我们这个时代所拥有的）和极强的观察推理能力写下了《物种起源》。同时，这位学者，在热情和机遇的驱使下，经历了一段为期近 5 年的环游世界的精彩冒险。终其一生，他或是在野外、在隐秘的书房里、在故居的花园里工作；他与几乎全英国的育种者和园艺家进行交流，不断收集和整理信息来完善他的观点。

我们向他表示深深的感激。

源于自然选择
的物种起源

查尔斯·达尔文

作者按：在为期近 5 年的环球航行中，达尔文凭借着他的热情与天赋，潜心于实验工作，为理论的提出积累资料。通过对资料的归纳与推理，他详尽地阐释了物种起源和自然选择理论。在 19 世纪中叶，虽然许多伟大的科学家都认同他的观点，但他深知自己的理论挑战了当时社会的固有认知，并且与宗教教义相悖。为了应对未来可能遭受的攻击，达尔文预先对他的研究方法做了解释，并承认了观点的局限性，这也是他在原著的前言中说明的。

目 录
CONTENTS

引　言

我曾以博物学家的身份登上贝格尔号科考船环游世界，在此期间，我在南美洲观察到生物的地理分布现象，以及现生生物和古生物在地质学上诸多联系的事实，这些都深深打动了我。这些事实对解开物种起源这一谜中之谜，提供了重要依据。在1837年回到英国之后，我便搜集和思考与这个难题有关的各种事实，并设想也许我有希望解开这个谜团。经过多年的努力，在1844年，我把我的工作笔记整理成一篇纲要。

现在（1859年），我的工作已接近尾声，但全部完成尚需经年累月的工作。虽然我一贯只使用第一手资料，并对问题的正反两方面都加以考虑，但结论的错谬之处在所难免。由于我的身体状况不佳，朋友们便建议我先将作品发表。正在研究马来群岛自然史的华莱士先生，对物种起源问题所得出的结论和我非常接近，这也极大地鼓舞了我。

一个博物学家面对物种起源的问题，对生物间的亲缘关系、地理分布、地质演替进行综合分析之后，可以得出结论：物种不是被单独创造出来的，而是其他物种的后代。然而，大千世界中无穷无尽的物种是如何产生变异并获得令我们惊叹不已的、完美的适应特征的，我们还没有找到答案。博物学家常将变异的产生归因于气候和食物等外界因素。这当然没有错，但是，如果我们只以外部条件变化来解释为什么啄木鸟的足、尾巴、喙和舌的结构能如此巧妙地适用于捕捉树皮下的虫子，这样做就十分荒谬了。我们再想想槲寄生这种植物，它从特定的寄主树木汲取养分，它的种子必须经由某几种鸟传播，而且它是雌雄异花植物，需要某些昆虫的帮助才能完成授粉。因此，若仅用外部环境、生活习性或所谓植物本身的意志来解释槲寄生的构造以及它与其他生物的关系，也是讲不通的。

所以我们必须弄清楚变异和协同适应的途径。仔细研究家养动物和人工栽培的植物，为我破解这个难题提供了绝好的素材。虽然我们还没有全面了解家养动植物的变异，但变异本身依然能够提供最简洁、最可靠的线索。我相信，这些常常被博物学家们忽视的研究工作，实际上有着重要的价值。

因此，我将在本书的第一章讨论，人类如何通过选择来积累家养条件下动植物的连续变异。然后，我再讨论物种在自然条件下的变异，以及对变异最有利的环境条件。

接下来的章节，我要讨论生物的生存竞争，这是它们的数量按照几何级数增长的必然结果。这就是马尔萨斯（作者注：马尔萨斯是英国的政治经济学家，他将计划生育与人口增长联系起来研究）的学说在动物界和植物界的体现。由于一个物种繁殖的后代数目一定超过实际能存活的后代数目，因此，即便后代中某个个体产生了极其微小的变异，只要这个变异是有利的，它就会获得更好的生存机会。因为根据强大的遗传法则，有利的变异传递给后代的概率更大。

在第四章里，我将论述自然选择的基本原理。不可避免，自然选择会导致某些演化不完备的类型灭绝。

令我们惊奇的是，关于物种起源的奥秘，还有许多事实被笼罩在一片迷雾中。为什么某一个物种分布广泛、数量众多，而另一个相近的物种却分布范围狭窄、数量稀少？虽然许多问题至今仍得不到答案，但我不得不承认，那些最近还被包括我在内的许多博物学家所主张的观点（即每一个物种都是被独立创造出来的）是完全错误的。

现在，我确信物种不是被独立创造出来的，同一个属的所有物种以及所有已知的变种，可能都是某些已灭绝物种的直系后代。我还相信，虽然有其他因素影响，但自然选择是物种产生变异的最重要途径。

评论：

在随后的 9 章中，达尔文详细解释了变异法则，以及其理论的局限性。达尔文直面这些不足，并讨论了那些会影响变异法则的因素，如性状难以传递给后代、本能的力量、杂交、不育的物种和多产的变种、地理环境的阻碍等。虽然，当时还有许多科学家在研究这个方向，但达尔文感到自己的学说将会深深地震动时代和人们的固有认识。因此，达尔文决定先发制人，在受到攻击批评之前，就采取行动捍卫它。

一

从物种的变异到家养状态

现生物种难以计数的多样性让我们认识到，它们是长年累月，经过无数世代演化而来的。根据物种可变原理，繁育者们早已能够根据自己的需求，选择和保留最合适的个体，并让它们顺利繁殖，以此达到改良家畜和作物品种的效果。物种可变也是达尔文理论的基础。达尔文既研究农艺家们的工作，也亲自驯养家鸽来观察它们的遗传变异，这些为研究打下了基础，同时他也以人工选择来阐释演化过程中自然选择的机制。

多样性的成因

人工栽培的植物或家养动物，它们个体之间的差异，比野生状态下同一个物种个体间的差异要大。我们对比了人工培养和野生状态下动植物的多样性与变异后，发现它们的生存环境，如气候、食物和受到的照料等，都是不同的。由此我们得出的结论是，比起自然状态，人工培养状态下的生存条件更能促进变异的产生。

因此，人工培养的动植物如果进入新环境，就能发生广泛的变异，并且在许多世代中都能继续变异下去。而且，即便是小麦这种古老的作物，仍然能够产生新的变异；长期被人们驯养的动物，也有能力发生迅速的改变。

生存环境似乎既能直接对生物的整体产生影响，也能通过影响生殖系统而间接作用于生物体的某个部分。不过，生物自身的特性也非常重要。例如，在不同的环境下生物可能产生相似的变异；反之，有时在几乎相同的环境下，生物会产生形形色色的变异。

如果一个生物几乎所有的后代都以同样的方式发生变异，那么环境对生物体影响所产生的结果就是一定的。但这些影响因素很难明确，因为它们所引起的生物体的变化通常极其微小，例如食物差异引起的体形或体色的差异，气候差异引起的皮毛的不同等。

在家养品种的形成过程中，不定的变异可能起着很重要的作用。不定的变异使生物体产生无数细微的特征差异，这些差异将物种里的不同个体区分开来，并且我们难以利用遗传定律将这些特征的差异的产生归因于某个特定的祖先。同一胎出生的动物幼崽，或者同一颗果荚里的种子长成的植物，它们之间都可能出现显著的，甚至有时是惊人的差异。以同样的方式培育的数百万个个体里，总会有那么几个成员，受到这种不定变异的影响。我们可以把这个理解为一场降温对不同的人造成的不同影响，由于他们的健康状况不同，有些人会患上支气管炎，而有些人会患风湿症或者产生其他炎症。

环境能通过影响生殖系统，间接地对生物体产生影响，其根本原因是生殖系统十分脆弱，它对外界环境的些许变化都十分敏感。在实际中，驯化野生动物似乎很容易，但让它们在人工环境下繁育，则十分困难。同样，长势很好的作物，有时候会因为细微的环境变化，只能结出很少的种子，例如在某一时刻水分多一点或少一点，结出的种子就不一样了。这里我不打算赘述自己收集到的人工繁育的例证，总的来看，跖行兽类（Plantigrade）（译注：如狼獾、熊、小熊猫等）除外，所有食肉动物，即便是那些生活在热带地区的动物，来到我的国家（英国）都能很好地繁育。然而，我们饲养的猛禽几乎不能生育雏鸟，引进的热带植物也只产生不育的孢粉。一些家养动物能够很顺利地繁殖，但有些动物虽然自幼就从野外被移入人工环境，而且接受很好的照料，它们身体健康，年富力强，但生殖系统出现了不明的功能障碍。我还要补充的一点是，笼养的兔子和雪貂，它们的生活环境和野生状态下的差别很大，但仍然能够很好地繁殖。它们的生殖系统并没有受到笼养环境的影响，这些物种的变异也很少见。

一些自然学家错误地认为，所有的变异都是有性生殖产生的。但园艺家们早已发现了"芽突变"的现象。芽突变是体细胞突变的一种，它指一株植物突然生出一个外表特殊的芽，随着芽的生长，它的枝叶、花果都可能与同一植株的另一些成员不同。这种突变可以通过植物的无性生殖（如嫁接和吸芽分枝）被保存下来。在能产生芽突变的植株里，我们偶尔会看到一个与众不同的芽，甚至是一个与同一植株上的其他芽都不一样的芽。这样的变异在野生状态下比较罕见，常见于人工栽培的环境中。这就证明，对于每个特定变异的产生，生物体本身的性质是决定性的影响因素，而外界环境是次要的。我们有时会发现一棵树上生有一个特殊的芽，它与这棵树上千千万万个外表相似的芽差异很大；我们同样也会发现，在不同环境下生长的不同树木，它们的芽可能产生相似的变异。就如，普通的毛桃树可能结出油桃，普通玫瑰上能够开出花萼长满小绒毛的苔藓玫瑰。

如果我们把外界环境对变异的激发作用比作一颗火花，那么只有火花落在燃料上，才能引发熊熊大火。

习性与用途的效应——相关性法则——可遗传变异

习性的改变产生了遗传效应；气候变化会改变植物的开花期；动物不同部位的功能不同，其骨骼发育状态也不同。例如，和野鸭相比，家鸭翅骨的重量占全身骨骼重量的比例较小，但它们的腿骨重量占比较大，这是由于家鸭不经常飞行，常常用腿行走。另外值得思考的是奶牛和乳山羊，它们生出发达的乳房也是一种可遗传的变异。家畜的耳朵都是下垂的，这种特征或许归因于它们在人工饲养的环境下不需要保持警觉，因此耳部的肌肉渐渐退化了。

边境牧羊犬，一种工作犬和畜牧犬

多样性会受到许多法则的影响，其中一条便是相关性法则（变异将一个生物体上两个看似毫无联系的部分联系在一起）。繁育者们普遍认同，当动物的四肢较长时，它们的头部也比较长。有意思的事还有，美国弗吉尼亚州的农户会在一窝小猪里挑选黑色的来饲养，他们知道所有的猪都会吃卡罗莱纳血根草（Lachnanthes）的块根，块根里的有毒物质会使它们的骨骼变成粉红色，角质的蹄子全部脱落。只有黑色的猪能代谢掉这些毒物，从而健康生长。另一些例证则更为罕见：毛纯白色蓝眼的公猫一般没有听觉；没有毛发的狗，牙齿都不健康。短喙的鸽子脚小；反之，喙很长的鸽子脚也宽大。根据相关性法则，如果人们选择性地去开发某些特殊的性状，会在无意中改变机体其他部分的构造。

变异法则具有极为复杂的效应。人们会惊讶地发现，经过很长一段时间后，人工培育的植物会具有丰富的多样性，风信子、马铃薯和大丽花等都有许多不同的品种。它们的组织似乎极具可塑性，子代的外表总会稍微偏离亲本类群。

可遗传的变异的程度或许十分细微，或许只发生在基础层面，但它们的多样性几乎是无穷无尽的。繁育者们都知道，种瓜得瓜，种豆得豆，当一些偏离正常的个例时常出现时，我们很难知道它来自哪里。但当一个非常罕见的突变——白化病或者棘皮症（它们出现的概率是几百万分之一）出现，并且在后代中再次出现时，那么我们就可以推断这个变异可以遗传。既然这些罕见的突变在家族的成员之间可以遗传，那么其他更加常见的变异也能通过遗传的方式传递。通过思考，这个现象可以总结为，通常情况下几乎所有的特征都通过遗传来传递，那些不可遗传的特征属于个例。然而，遗传法则的内容有很多依然是我们未知的。

例如，为什么孙辈的身上经常再现祖辈的某些特征？为什么一些特征常只在某一性别的亲本与后代中传递？有这样一个放之四海而皆准的法则：如果个体在生命中的某个阶段出现了特殊的性状，它的后代也将在相同的时间，甚至更早的时候，出现这些性状。我们知道，直到成年期到来，牛角的特征才能够显现；同样，那些会影响蚕的幼虫（蚁蚕）或蚕茧的突变，也不会显现在熟蚕——即我们所说的"蚕宝宝"身上。这些和其他事实让我相信，这是一条十分普遍的法则，它对解释胚胎学非常重要。

自然学家们经常发现，一些经人工培育产生变异的动植物回到野生环境中，会渐渐恢复野生特征。因此有论断说，我们对家养品种的研究不能用来推断野生状态下的动植物，我认为这个论断很难被证明。很多家养品种的确无法在野外生存，但是在许多情况下，我们根本不了解它们的原始类群，因此也很难说它们是不是成功恢复了野生特征。不过，家养的动植物品种确实能够意外地恢复成野生类型。例如，将不同品种的卷心菜移植到贫瘠的土壤里，它们就能恢复成野生型。但是总的来说，将家养品种调整到原来的野生状态是很困难的。

人工培养产生的变异，来自一个还是多个物种

人工培育的植物或家养动物有许多个品种，品种之间的外形不如野生种间的那样一致。另外，人工培育的品种和野生类型之间也会有极大的差异，有时，人工培育的品种甚至可能出现畸形。即便如此，家养品种和它们的亲缘野生型还是遵循着同样的演化方式，因此我推断它们的亲缘关系仍然十分密切。

很多从古代就开始培育的动植物，它们究竟是由一个还是几个野生物种繁衍出来的，人们目前还不能确认。那些支持多个来源观点的人们认为，早在远古时代，在埃及的石碑上，在瑞士新石器时代的水上民居遗址里，就有多种家养品种存在的证据。瑞士的水上居民从公元前5000 年起生活在阿尔卑斯山区的湖畔，他们种植过几种小麦、大麦、

豌豆和罂粟。自从在地层里发现燧石制品以来，地质学家们就相信蒙昧的原始人类在很古老的时代就已经存在，并且已经开始驯养家犬了。但这只能证明家养动物品种的起源比我们设想的更早罢了。

如果能够证明灵缇犬、獚犬、长耳猎犬和斗牛犬都是单个物种的后代，那么就能推测它们的野生近亲，例如各种狐狸，也不是一成不变的。但是，意大利灵缇犬或者比熊犬这种体格的犬类与所有野生的犬科动物都不相似，因此难以想象与它们相近的物种曾在自然环境中生活过。因此我相信，家犬品种间的巨大差异，并不完全是驯养造成的；正相反，一种家犬可能源于多个野生品种，只有那些十分极端的品种是单一来源。虽然大多数家养动物的起源至今还不清楚，但对全世界的犬科动物的研究让我得出结论：犬科的几个野生品种曾经被驯养，它们的血液至今流淌在家犬的血管里。我几乎饲养过所有品种的英国产的家鸡，将它们进行杂交并对结果研究之后，我可以确证，它们都来自印度的一个野生品种，即原鸡（*Gallus bankiva*）。至于家鸭和家兔，虽然它们有些品种差异很大，但有明确的证据表明，它们都是野鸭和野兔的后代。

最初，人们驯养一种动物时，并不清楚它们的后代是否会发生巨大的变异，也不知道它们能否适应各种各样的气候。更强的适应能力或许对某些变种有利，但例如驴和鹅的变异范围很小，驯鹿不能忍受高温，骆驼不能忍受寒冷，但这并不妨碍它们被驯养。

有些学者认为，每一个家养品种都有各自对应的野生类型。若果真如此，大不列颠地区至少生存过 20 多种野生绵羊，但我国（英国）只有少数的野生绵羊，这种情况与法国、德国、匈牙利和西班牙等国不同。这些国家中的每个都有几种特有的绵羊品种，它们都起源于欧洲。可遗传的变异对品种的形成十分重要，但杂交并不一定能保证新品种的形成。因为当我将注意力转向家鸽的驯养——将它们杂交数代之后，我们的研究工作就遇到了明显的困难。（译者注：因为在达尔文的时代还没有遗传学，在经过几代杂交后，复杂的遗传定律开始显现，达尔文感到难以解释。）

家鸽的品种，品种间的差异及来源

我认为应当把研究对象的范围缩小到某一特定的类群，于是我选取了家鸽。我驯养了我能得到的每一个家鸽品种，阅读了相关的研究论文——其中一些相当古老，与养鸽专家联系，还加入了两个伦敦养鸽俱乐部。家鸽的品种多样，令人叹为观止：英国信鸽和短面翻飞鸽喙部的形态差异很大，这造成了它们头骨形态的差异；侏儒鸽身形巨大，喙和足部也大，但一些亚种的面部很修长；短喙鸽与信鸽外表相似，但前者的喙短且宽；浮羽鸽的胸前有一排羽毛；毛领鸽的羽毛会向上卷，形成羽冠；普通鸽子的尾羽仅有十来支，而扇尾鸽的尾羽数目是普通鸽子的3倍；顾名思义，喇叭鸽和笑鸽会发出非常特殊的鸣叫声。

带有点状斑纹的家鸽

不同品种的家鸽，其面部骨骼的形态存在差异，尾椎和荐椎的数目不同，下颌骨的形状不同，脂肪腺的发育和退化程度存在差异，喙的宽度、眼睑的相对宽度、鼻孔和舌的尺寸、羽毛数目以及翅膀、尾巴、腿的相对长度都有显著差异；孵化时，雏鸽的绒羽状态，以及成年时羽毛丰满以后的状态也有差异；当然，不同品种的卵，其大小和形状也有不同。它们成年时的鸣叫声、性情、飞翔姿态也会因品种的不同而有差别。某些品种的雌雄个体之间，也会有外观差异。如果我们选出20只不同品种的家鸽拿给鸟类学家，并且告诉他们这些都是野生动物，他们一定会将它们归为泾渭分明的不同物种。

尽管不同品种的家鸽间存在巨大的差异，但它们的体格、习性、鸣叫声、体色和外形都与野生的鸽子（即原鸽）有相似之处。因而我推测，它们都是从原鸽（*Columba livia*）及其近邻种传衍下来的。许多博物学家都有证据支持这一观点。

首先，如果不同品种的家鸽不是起源于原鸽的话，它们至少得有七八个原始祖先，否则无法产生这么多变种。如果有，那么这些假定的、外表极为特殊的原始祖先，一定还生活在最初被人类驯养的地方，但事实并不是这样。所以我们只能推断，或者鸟类学家们忽视了这些原始祖先的存在，这种情况诚然不可能；或者这些假定的原始祖先已经在野外灭绝了。但原鸽善于飞行并在悬崖上筑巢，从不列颠岛屿到地中海沿岸，它们的种群数目都非常丰富，很难想象一个如此的类群会濒临灭绝。将野生动物处于家养状态并使它们繁殖是十分困难的，原始人类必须成功驯养七八种野生鸽子并让它们杂交，再从中选出那些性状最特殊的个体，让它们繁殖下去才成为逐渐产生如今我们看到的家鸽品种，而这些品种的来源——即假定的七八种原始祖先是不可考的。这种情况显然几乎不可能，因此家鸽多起源的假说受到了严重的质疑。

一些关于鸽类毛色的证据也值得我们注意。原鸽是石青色的，尾部白色；而原鸽的印度亚种（*Columaintermedia*）的尾部是青色的。原鸽的尾羽有白色线条和深色横带，翅膀上有两条黑带。这种毛色和条带出现在了所有的家鸽品种里，但鸠鸽科的其他鸟类均不具有这种标志。另外，若两种鸽子都不具有上述的这些毛色和条带，它们杂交以后，后代

却可能表现出这些性状。我曾经将白色扇尾鸽和纯黑的短喙鸽进行杂交，它们后代的羽毛呈灰黑色且有斑点。再将子代中扇尾型的鸽子与短喙型的鸽子分选出来进行杂交，我甚至能得到这样的后代：它拥有和野生原鸽一样美丽的蓝色羽毛和带有白边的尾羽，翅膀上有两条黑色的横带，尾巴上也有一条。如果所有品种的家鸽都是由原鸽繁衍而来，根据著名的返祖遗传原理，这种现象很容易就得到解释了。但如果我们否认这个假说，解释这个现象就不得不转向那些极不可能的推论了。

最后，我发现，如果将两个截然不同的家鸽品种杂交，如将信鸽与翻飞鸽或扇尾鸽杂交，它们的后代完全可育。但杂交两个截然不同的物种，能获得可育的后代也是十分困难的。

我们从未在野外发现这些假想的物种：它们外表多样，但总的来说和原鸽相似，而且无论是在纯系还是在杂交的状况下，它们的后代都会偶尔重现原鸽的毛色与斑带。所有的这些原因，即人类不可能驯养七八种野生鸽子，并使它们在人工环境下成功繁殖。这些事实让我们推断，所有的家鸽品种都是原鸽繁衍下来的。

为支持上述观点，我还要补充说明：虽然原鸽的几个亚种与家鸽仍

有诸多不同，但它们的习性和身体上的很多结构都与家鸽一致，并且野生的原鸽在全球都是易于驯养的。关于驯养鸽类的最早记录可以追溯到约 4000 年前，那时是古埃及的第五王朝。根据老普林尼的记录，古罗马人与荷兰人都驯养鸽子。印度人在约 1600 年从波斯（现伊朗一带）引进了鸽子，并开始对不同品种的鸽子进行杂交来优化品系。那个时代的人们已经注意到不同的鸽子品种间，一些主要的性状可以产生丰富的变异。最后我们要指出，鸽子这种鸟类通常是严格的一夫一妻制，这对产生不同品种十分有利，正因如此，不同品种的鸽对可以混养在一起。

上述是我对家鸽的起源的仔细讨论。因为当我开始养鸽并且观察它们时，很难相信它们是从同一个祖先物种传衍的。我询问了许多养牛、养鸭、养兔的繁育家，他们坚信每一个家养品种都有各自的原始祖先物种。同样，农民们不会相信一株苹果树的种子既能长成橘苹果，也能长成尖头苹果。繁育者们着眼于那些"有利"的变异和品种间的巨大差异，却忽视了较为普遍的遗传法则。博物学家们所了解的遗传法则并不比繁育家多，不过博物学家知晓大多数家养品种都来自同一个祖先，却错误地认为野生状态的每个物种都有一一对应的直系祖先，就如同繁育家坚持认为每个家养品种都对应一个野生品种一样。他们实在应该抱着谨慎的态度，不再嘲笑对方的观点。

选择的宗旨和效应

现在我们来考虑一下家养品种产生于一个或几个近邻物种的过程。外界条件的影响、习性的不同或其他一些细微的原因并不能解释辕马和跑马、灵缇犬和猎犬、信鸽和翻飞鸽之间的差异。家养品种表现出适应性和多样性的原因并不是它们自身的需求，而是人类的用途或喜好。比较一下不同品种的绵羊，它们有的生活在耕地，有的适应于山区；不同品种的羊产出不同的羊毛，它们的用途各异。我们还可以比较不同品种的家犬在人类不同方面的用处；比较一下斗鸡、性情温和的家鸡与那些从来不孵蛋的鸡；比较那些或能满足口腹，或能赏心悦目的农作物、果树和园艺植物，因此我认为，我们的研究范围不应仅仅局限于变异效应。所有这些品种都不是突然产生的，它们产生之初表现出的某些性质并不像现在这样完善和对人类有用。人工选择才是点石成金的力量：自然产生了变异，人类为创造对己有益的品种，在一定方向上积累了物种的变异。

"选择"如同一根魔杖，可以将生物塑造成任何它喜欢的模样。借助选择的力量，一些繁育者可以让他们的家畜产生惊人的性状，动物的身体几乎成为可塑的了。在撒克逊地区，美丽诺绵羊被放在桌子上，专家研究它如同鉴定一幅画一样。每年，这样的"鉴定会"都举行 3 次，人们从中选出最合乎要求的绵羊进行繁育。

家畜的价值在于品种的优良。最卓越的繁育者都知道这个道理，品种的改良不仅仅由杂交实现，并将杂交的品种只局限在极为相近的亚种之间。在连续的世代里，"选择"使性状稳定地向一个方向细微地累积，未经训练的人看不到其间的差别。只有拥有敏锐的观察力和准确的判断力、愿意终其一生坚持不懈地投入这项工作的人，才能成为一名优秀的繁育家。

园艺家们也遵循同样的想法，但植物的变异一般更加突然，尽管我们培育出的美丽的植株并不是一次变异的结果，例如鹅莓果实是逐代增大的；二三十年间，种植家对花卉品种的改良也令我们注目。园艺家们一旦确定植株的品种，他们会移除那些偏离确定类型的变种，人们对于动物品种的选择也是如此，因此品质低劣的个体无法获得繁殖机会。

为了观察选择的累积效应，我们可以在花园里比较同一种花朵的多样性，在菜畦中比较同一种植物的叶子和果荚的多样性，在果园里比较果实的多样性。不同品种的卷心菜的叶子差异巨大，但花朵十分相似；不同品种的三色堇的花朵不同，叶子却非常相似。许多其他植物也表现出这种特性。相关性法则会导致一些差异的出现，如果持续地对叶子、花或果实进行选择，就会在子代相互之间产生有差异的品种。

小麦

大麦

近年来，有许多关于选择原理的著作问世，但人工选择并不是一个新发现。在古代中国和古罗马的书里，甚至在《圣经·创世记》的章节里，均已记载了人们对于家养动物的关注。我们还知道，在蒙昧时期，我们的祖先会引进一些经过挑选的动物，并将身体长不到最低标准的马除去，就像园艺家们移除那些"不合标准"的变种一样。

利文斯通记载过，在今天的非洲地区，人们完全懂得如何评估品种的优良，有时当地人还会将他们饲养的犬类与野生犬科动物杂交来改善品种。

遗传变异法则是如此的显而易见，如果当时的人们没有注意到变异在家养动植物培育中的作用，反倒是件奇事了。

无意识的选择

通过程式化的选择过程，杰出的繁育者们着眼于开发新的、更优质的品种。但另一种更重要的选择方式，可称为无意识的选择，目的是保存每个物种里最优秀的个体并使之性状得以传承。想养猎犬的人，自然会选取最优质的个体并让它们繁殖。虽然他无心去改善猎犬的品种，但如果这一行为持续若干世纪，必能永久地改变整个品种。

生物体这些缓慢且难以察觉的变化，人们只能通过比较前人留下的绘图或者测量数据，才能识别出来。有证据让我们相信，在苏格兰、英格兰及爱尔兰国王查理一世统治期间，查理王小猎犬（它的名字也源于查理一世）的品系已经在无意识中被大大改变了。同理，英国指示犬的品系在 18 世纪也被改变了不少。品系间的杂交是产生这种变化的主要原因，虽然过程缓慢效果却十分明显：虽然指示犬最早是由从西班牙引进英国的，但目前在西班牙已经找不到与英国指示犬相似的本地物种了。相同的选择过程也使得英国跑马的速度和体型都超过了它们的祖先阿拉伯马。现在英国的牛，其体重和成熟速度都超过了早先的品种。

如果我们能通过早年的文献，对比不列颠、印度和波斯家鸽以往和现在的状态，我们能发现，渐进的演化让家鸽最终变得与原鸽差异极大。

为了保存那些最美丽的个体，渐进演化过程也发生在植物身上。比起它们的野生祖先，现今人们培育的三色堇、蔷薇、大丽菊和梨子，在大小和美观方面都有明显的改进。仅仅播种野生植物的种子，你无法得到所期望的优质植株。许多园艺学著作都记录了园艺家们的惊人成就，他们起初只拥有品质一般的亲本植株，但无意识地完成了整个人工选择的过程。古罗马时代的园艺家就曾经尝试栽培出最优良的梨子树，他们永远无法想象今天我们能吃到何等美味的水果，这一切都要感谢他们选择并保留了最好的变种。

万能㹴，原先被培育
用于猎取水獭和鼠类

西伯利亚哈
士奇是一种
雪橇犬

这些缓慢却巨大的品种的变化，让我们难以将人工栽培的植物和它们的野外祖先类群对应起来。如果改进植物的品种需要上千年的努力，那么，那些仍然没有开化的国家不能为我们提供值得栽培的优良作物也在情理之中了。虽然一些土著植物可能有栽培的价值，但它们还远未达到完善的状态，和那些文明古国的人们历经千年选育出来的作物是不能相比的。

人工选择起到的重大作用，清楚地解释了为什么我们的家养品种完全适应了人类的需要和爱好。我们还能了解，外观的巨大差异，包括那些最最特殊的差异与内部结构的联系。外观差异比内部结构的差异更容易受到人工选择的影响，而且实际上人们也不关心内部结构的差异。此外，人类只能在那些自然界提供的变异之上，施加人工选择的力量。越奇特的变异，越可能吸引人们的注意。如果没有见到有些鸽子的尾巴长得奇特，人们就不会尝试培育出扇尾鸽。但实际上，"尝试培育扇尾鸽"这种说法很不准确。第一个发现尾巴较长的鸽子并尝试培育它们的人，绝不会想到在一系列有心或无意的连续选择之后，这些鸽子的后代会变成什么样。

生物结构上的变异并不需要很显著就能吸引育种家的注意。他们能注意到新的和极其微小的差异，这样一来，家养品种的起源就更加扑朔迷离了。人们会选择、培养和杂交自己拥有的最优秀的个体以改进性状，这些改进的动物会慢慢扩散到邻里。这时，它们还不会得到特定的名称，但如果我们让这些缓慢而渐进的过程继续下去，我们最终会得到一个有些价值的特殊品种，会为它命名（一般以地区的名字来命名）。一旦地方性品种的特征被充分了解和认可，无意识的选择就会强化这一新品种的特性，尽管我们早已忘记了这些缓慢变化的由来。

金毛猎犬，在捕猎水鸟时担任的角色是寻回犬

对人工选择有利的条件

现在让我们讨论对人工选择有利或不利的条件。若受到人们的特殊照顾，微小的差异也会积累起巨大的变异，但丰富的差异才是演化的源泉。由于一些对人类有利的变异只会偶尔出现，饲养大量的个体能提高变异出现的机会。因此，数量是成功的重要条件。园艺家们栽培大量的同种植物，以此来产生很多新的变异。只有物种生活在适于它繁殖的条件下，才能产生大量的后代。

当个体的数目（无论是动物还是植物）稀少的时候，所有的个体都会不经过选择进行繁殖，如果它们对人类十分有用，那么产生的微小偏差都会被关注。我们知道，草莓的诸多变异来自园艺家们的培育，但显然，在人们注意到草莓的变异之前，它就一直在演化，它的变异一直存在。不过，园艺家们选出一些果实更大、果实的味道更甜美或者成熟得更快的植株，播种它们，再借助一些杂交手段，才培育出今天各种各样、令人赞不绝口的草莓品种。

当同一物种、多个品种的动物共同生活在同一个国家时，为了避免品种间随意杂交，人们会用篱笆封圈土地来限制动物的活动。但是，鸽子终身都是一夫一妻制，因此繁育者可以将它们混养在一个鸽笼里，这样可以同时饲养和改善多个品系；另一个好处是，鸽子能迅速地进行大量的繁殖，那些出生后有缺陷的个体也可供食用。

有些宠物个体之间的差别很小，这通常是因为人工选择难以对它们施加影响。猫有夜间漫游的习性，因此人们难以控制它们的交配。驴子，通常是穷人的家畜，它们的繁殖难以受到主人的关注。不过在美国和西班牙，经过人们细致的选育，驴子的品种出现了显著的改进。孔雀不易饲养。家鹅羽毛的价值很低，其外观的可塑性也比较差。

一些作者称，家养动物的变异很快就要达到极限了。但近来人们所饲养的大多数物种产生的海量变异，驳倒了这种论断。在未来的几个世纪，新的生存环境还会促使物种产生新的变异。

下面我们来总结一下那些对于家养动植物品种起源起到重要作用的因素。我们发现，生存环境极其重要，它通过直接或间接的方式作用于生殖系统，促进了变异的产生。遗传的力量和返祖的倾向，决定了变异的传承。器官的使用与否、不同原始品种间的杂交在家养品种的起源和新变种的形成上起到了重要作用。有时，人们过分夸大了动物变种间杂交的重要性，但杂交对扦插、芽接等无性繁殖的植物来说是很重要的。

虽然有许多控制变异的法则尚不为我们所知，但有意识和无意识的选择是造成变化的最重要的因素。

鸽子的骨骼

二

自然状态下的变异

　　达尔文学说的事实基础是物种有产生变异的能力，这种变异既可来源于人工培育，也可以发生在自然状态下。无论怎样，选择都是造成变异的原因，不过，能否繁殖并产生新的、更优秀的类型，取决于这个物种自身的能力。在家养状态下，优秀意味着对人类有用；在自然状态下，则意味着扩张领地、占据优势地位、替换其他竞争者。在阐释"生存斗争"的原理之前，达尔文建立了一些概念，以便于解释那些最为广布的物种是怎样改变自己并扩张领地的。

变异及其定义

在我们将前一章节所得到的各种原理应用到生存在自然状态下的生物之前，我们必须考虑生物在自然状态下能否发生变异。当然，答案是肯定的，但对此进行的证明则要列出一长串枯燥无味的论据，这些我将在未来的作品中加以说明。同样，我也不在此讨论"物种"这个词的定义，因为目前博物学家们就此并没有达成共识，每个博物学家在谈及"物种"这个词时，所指代的东西都不同。同样，"变种"这个词也难以定义，但它通常暗示着世系的传承。畸形是指对物种来说有害或无用的偏差。最后，一些博物学家使用"变异"一词来指代一种直接由生活环境中的物理条件改变引起的外形变化，并且是不能遗传的。但是，谁又能说波罗的海半咸水贝类的大小，或是北极地区动物的毛皮不能够遗传呢？

很难想象，在人工栽培的植物和家养的动物中会突然出现很大的个体偏差，而且这种偏差与它们的野生类群十分不同。一些家猪出生时就有长长的鼻子，我们却从来没有在野猪里见过这种例子。当然，在自然状态下生物体也可能出现这种畸形，它们甚至可以通过遗传保存下来，但这需要对此变异生物生存极为有利的环境。再说，畸形的动物若存活下来，与普通的个体杂交，它们的后代几乎没有可能保存这些不正常的特征了。

个体差异

个体差异是一种常见于来自同一父母的后代间的细微差异，也可以指栖息在同一区域的同一物种个体间的差异。虽然一般个体差异只影响身体一小部分结构，它却能让同种生物个体间产生根本的差别——无论是在生理学层面的，还是在分类学意义上的。

博物学家们通常不愿意承认，某些重要性状或内部器官是存在变异的。比如，昆虫靠近大中央神经节的主干神经分支，某些昆虫幼虫的肌肉，介壳虫的神经等都是存在变异的，并且有时变异发生得非常之快。然而，某些博物学家们认为，重要的器官从来不发生变异。但是，他们将不变异的器官看作重要的器官，那么在这个前提下，所谓的重要器官当然不变异。事实上，我们发现的重要的器官发生变异的事实不胜枚举。

无论变异与否，同种个体间总会有巨大的形态差异，如性别差异、昆虫群体里因分工不同而产生的外形差异、动植物中常见的二态性甚至三态性等。在马来群岛，华莱士先生发现同种雌性蝴蝶会有两三类截然不同的形态，这些形态间却不存在过渡形态。这一惊人的案例只是扩大了一个已知的事实：雌性所生育的后代有两种性别，性别差异可以带来巨大的外观差异。类似的例子还见于巴西的甲壳动物，例如雄性的原足目（*Tanaidacea*）动物在不同的发育阶段呈现两种形态，一种有粗壮的钳子，另一种触角上有味觉纤毛。虽然这两种形态间没有过渡形态，但个体都会保持这两种形态一段时间。另外，在蚁群里，不同分工的工蚁在形态上有明显差异，但似乎不同类型之间有着几乎难以分别的变化。我个人也在存在二态性的植物中看到过这种状况。

存疑的物种

有些类型确实具有物种的属性，但它们与其他一些类型十分相似，或者通过一些过渡性状与别的类型紧密地联系在一起，因此博物学家们不愿将这些类型列为独立的物种。这些存疑的物种保持自己性状的时间，已经与那些真正的物种一样长了。通常情况下，博物学家通过过渡性状将两个类型联系在一起，他们会把最常见的那个类型——有时是最早描述的类型当作真正的物种，而另一个类型当作变种。

博物学家们凭借经验来决定将一个类型列为物种还是变种。但有时这种鉴定还是要通过商讨和投票才能决定，因为有些能力出众的博物学

家将某一类型鉴定成变种，另一些同样有能力的博物学家却将它们列为物种。

这些存疑的物种和变种很常见。植物学家们已将英国的一些花归入变种或独立的物种了。但是在动物界，存疑的物种或变种很少同时出现在一个国家或地区，而常见于相互隔离的区域。在北美和欧洲，许多鸟类和昆虫被一些博物学家认作是无可置疑的独立物种，而被另一些人列为变种或"地理族群"，但其实它们之间差异很小。华莱士先生认为，马来群岛的鳞翅目昆虫可以分为 4 种类型：可变型、区域型、变种和物种。可变型昆虫在一个小岛的范围内都能出现较大变异；区域型昆虫在各个岛上的外表都稳定而独特，但存在极多的渐变性状。变种是性状完全固定下来的区域类型，但一些微小的差异让它们的分类变得困难。无可置疑，独立物种与区域型和变种的地理分布一致，但前者与后面两者存在明显差别。

多年以前，我与其他博物学家比较了加拉帕戈斯群岛各岛屿之间的鸟类，以及它们与美洲大陆鸟类的差异，我被物种和变种间既含糊、又明确的差别震惊了。在我们研究马德拉群岛的昆虫分类时，以及探讨不列颠红松鸡是否属于来自挪威的变种时也遇到了同样的困难。倘若两个存疑类型的栖息地相距甚远，人们就倾向于将它们列为两个不同的物种。然而，什么样的地理上的距离才足够呢？如果美国与欧洲的距离已经绰绰有余，那么小小的马德拉群岛、加纳利群岛和加拉帕戈斯群岛，它们内部各岛屿之间的微小距离是否也足够分别不同的物种，或者将不同的个体归为同一物种呢？

一位美国昆虫学家曾经描述过植食昆虫的变种和物种。大多数植食昆虫只取食某一些特定的植物，少数昆虫常常改变它们的食谱——取食不同种类的食物，但并不因此产生变异。然而，同种昆虫，如果取食不同的植物，它们在幼虫或成虫时期，其体色、大小或分泌物的性质都存在一定的差异。有些只在雄性个体间产生差异，有些在雌雄两性都表现差异。如果这种差异十分显著，并且对雌雄两性和昆虫生长的各个时期都产生影响，我们一般就会认为这些差异显著的类型分属于不同的物种了。人们将能够自由杂交的类型称为变种，将已经无法与其他品系杂交的类型称为物种。这些差异的形成是昆虫长期取食不同的食物所致，现在博物学家难以找出那些连接若干类型的过渡性变种了，因此确定某个存疑类型究竟是物种还是变种变得十分困难。栖息在不同岛屿或大陆的近亲生物也会发生同样的情况。然而，当一种动物或植物的多个变种分布在同一个大陆或同一个群岛的许多小岛上，我们总能找到连接极端类型的过渡性变种，因此就可以将这些类型全部降为变种。

博物学家们认为动物的变异通常很小，因此发生极微小的变异也有重要的研究价值。如果在两个相距遥远的地区偶然发现了几乎相同的动物类型，他们就认为这两种类型实际上该归为同一类。这样一来，物种便成了抽象的名词，它的定义没有得到共识，在这个基础上，想厘清物种和变种的差别，显然是徒劳的。

如何根据地理分布、变种和杂交等因素来鉴定存疑的类型，虽然专家们已经进行了充分的讨论，但并没有达成一致意见。另外，如果一种野生的动植物吸引了人们的关注，被认为对人类有用，人们就会记录下它的几个变种，这些变种也可能被列为不同的物种。栎树是我们研究得最充分的树木之一，它们的 12 个变种被一位德国博物学家全数列为物种，但植物学家们普遍认为它们只是同一物种的变种。在英国，无梗栎树和有梗栎树被视为两个不同的物种，而其他的栎树都是变种。

我想在这里引用阿尔冯斯·德·康多尔发表的关于全世界 300 多种栎树的研究报告。作者详细研究了这些物种独特的性状，并计算了不同物种容易发生变异部分的变异频率。他发现有 12 类性状的变异与树龄或发育有关，而这 12 类变异可能存在于同一个枝条上。但变异的原因就不得而知了。

最终，德·康多尔鉴定物种的依据是那些在同一株个体上毫无变

异，也不存在任何中间类型的性状。当人们对一个类群认识更充分时，就会发现存疑类型。我们最熟知的物种有最多的变种。例如夏栎有 28 个变种，除其中的 6 个变种以外，其他变种都与其 3 个亚种即有梗栎、无梗栎和毛栎相近。康多尔承认，在他所研究的 300 多种栎树里，有 2/3 都只是暂时被看作是物种，它们并不严格符合物种的定义。

当一位青年博物学家着手研究一个生物类群时，他对这一类群的变异性质和变异范围一无所知，因此难以区分物种和变种。类型之间的巨大差异使他震惊不已，他完全无法意识到相似的变异也同样发生在其他类群或其他地区。因此，他首先会定出许多物种。他的观察活动会让他发现许许多多非常接近的类型，因而鉴定的困难增加了。最后他只能下定决心承认大量变异的存在，并通过类比来确定连接极端类型的中间变异。但如果他的视野非常狭窄，只研究一个区域中的某个类群，他就会轻率地确定存疑类型的分类级别，这未必是一件好事。但如今，没有人能为物种和亚种，以及亚种和极端的变种划出明确的界线。

因此，虽然分类学家对个体的差异没有多少兴趣，我还是认为那些显著和长久保存的变种，将会产生更加显著和永久的变种，然后成为亚种，最终成为真正的物种。差异从一个阶段过渡到另一个阶段，可能出于生物本身的性质，也可能出于生存的物理环境的影响。

但更重要的适应性源于自然选择的累积作用，以及用进废退的效应，这些我将在下面的章节详细介绍。可以说，一个显著的变种就是未来物种的雏形，这也是本书的理论基础之一。

并不是所有的变种或雏形物种都能达到物种的级别。它们可能会灭绝，也可能长期停留在变种阶段。如果一个物种的一类变种数量众多——已经超过了亲本物种的数目，那么它就会被列为物种，而亲本就成为变种了。如果一个变种排挤吞并了亲本，二者就可以并存，都被列为独立的物种。

我认为，出于方便的考虑，我们使用了物种这个名词来指代个体之间非常类似的群体，但是物种和变种并没有本质的区别。另外，与个体差异比较，变种这个词也是为了方便而使用的。

常见的物种变异最多

康多尔曾经提出，分布很广的植物变种也多。最常见的物种（那些个体最多的物种），和在一个大的区域内分布最广的物种，最常产生具有显著差异的变种，我认为它们就是物种的雏形。当然，为了繁衍下去，它们必须与这个区域内的其他居住者斗争。如果它们的亲本具有生存优势，它们就能遗传和发展那些亲本胜于其他同地区生物的优势，当然，此处所说的优势显然只适用于那些相互竞争的类型。某种植物占据优势，就是说这种植物和生活在相似条件和相同区域内的其他植物相比，前者的个体较多。

有段时间我曾考虑做一张列表，把几个充分研究过的植物类群的所有变种记录下来，以便研究那些具有丰富变异的物种的性质。但一些同行提醒了我这一工作的难度，我将它留待以后完成。

大属的物种比小属的物种产生更多的变异

在一个给定的区域内，我们发现来自较大的属（即拥有很多物种的属）的植物相比来自小属的植物更占据优势，这是可以预料的。如果一个属中的许多物种在一个区域内都能茁壮生长，自然是因为该地区的有机或无机环境对这个属特别有利，使得它们占据优势地位。然而，诸多的事例使这一结论变得含糊。例如，某些水生植物分布很广，但这更多的与它们的生活环境相关，而与它们所在的属本身的大小关系不大。

若物种只是界限分明的变种，我推测大属的物种应该比小属的物种出现更多的变异。当联系密切的物种已经出现时，应当还有许多变种正在形成。在有大树生长的地方，我们定有希望找到树苗。如果一些物种由变异形成，此地的外界环境应当曾经对变异有利。

为了证明这种推测，我将 12 个地区的植物和两个地区的鞘翅类昆虫分成两个数量上大致相同的两方，大属的物种在一边，小属的物种在另一边。结果不出意外，大属的物种所产生的变种数目多于小属产生的变种数目。这些结果有重要的意义，因为如果一个类群下面已经有多个物种，那么更多的新种可能正在出现。作为一般规律，在一个属的很多物种已经形成的地方，这个属产生的变种（即雏形种）也异常多。但并不是说所有的大属都有很大的变异，因而物种数目会保持增长；也不是说小属不存在变异，物种数目也不会增长——若真是这样，这对我的学说来说将是致命的。

地质学告诉我们，随着时间的推移，小属常常会崛起，而一些大属在达到顶峰后就慢慢衰落最终消失了。我们想阐明的是，在一个属的许多物种已经形成的地方，还有许多物种正在形成。

大属里物种的相互关系与物种的变种之间相互关系类似

我们已经知道，有时候很难区分物种和显著的变种。当在两个可疑类型之间找不到过渡类型时，博物学家们只好考量它们之间的差异，以此来判断这些差异是否足够将这两个类型列为不同的物种。对植物和昆虫来说，大属里物种之间的差异往往很小。因此可以说，大属里的许多变种（或雏形种）和物种是相似的。

没有一位博物学家会说，一个属内的所有物种间的差异都是均等的，它们一般被分成亚属、派或者更小的类群。变种就是一群相互之间关系不等、环绕在原型种（即亲本物种）周围的生物。当然，变种和物种间有一个非常重要的差别。变种之间微小的差异，可以渐渐增大，最终增加到与另一物种区分的级别。

还有一点值得注意。变种的分布区域通常并不广，它们的亲本物种的分布范围则要更广些；若反过来（变种的分布范围比亲本更广），那它们的名字就也要反过来了。但那些十分相近以至于类似变种的物种，分布范围常常也很有限。

赫韦特·沃森在他的杰作《伦敦植物名录》中提到有 63 种植物被列为物种，但他对此抱有疑虑。这 63 个所谓的物种，它们平均的分布面积与其他 53 个公认变种的分布面积相似，它们都远小于一个真正物种的分布面积。

小　结

物种和变种只能通过如下方法区分开。

第一，通过发现过渡类型。

第二，二者之间有一定差异。如果两个类型间的差异很小，它们还是会被列为变种，即便二者的亲缘关系尚不为人所知；如果在一个区域内，一个属拥有高于平均数量的物种，那么这些物种也存在更多变种。

在大属中，物种之间往往十分相似，并围绕着其他物种聚集成群，分布范围通常十分有限。大属的物种在很多方面都与变种很相近。假如每个物种的前身都是变种（变种是物种的起源），这些相似性就很容易理解了。反之，若物种是被一个个独立创造出来的，我们就完全不能解释这种相似性了。

我们还看到，那些大属里的优势种能产生最多的变种，这些变种往往成为截然不同的新物种。因此，大属的规模就趋向于越来越大，产生更多变异的和有优势的后代。大属也会倾向于分裂成为小属。因此，生物类型就在类群之下又分为类群了。

三

生存斗争

　　达尔文的学说是围绕着事实和推断所得出的结论。在自然界，如果一个物种出现有利变异，那么它就很有可能占据优势并大量繁殖，因此导致了严重的数量过剩。家养物种的数量能由人工控制，自然的机制也能够以相似的方式调控野生物种的数量。达尔文相信，物种、变种为生存而奋斗，这是自然调控的基础。这场永不停止的斗争，是自然界筛选最适者的决定性因素；虽然生存斗争仍然十分神秘，但正是它定义了自然界复杂的平衡。

生存斗争对自然选择产生了什么影响？我们知道自然状况下的动植物产生的变异是物种形成的必要条件。但这并不能完全解释生物那些令人叹为观止的适应性或生物间的协同适应，例如我们随处看到的啄木鸟和槲寄生。人们还要猜测，变种，即我所谓的雏形种，是如何成为真正的、独特的物种的呢？所有的这些都源于生存斗争。通过生存斗争，拥有有利变异的个体存活下来，并将变异遗传给后代，它们的后代就有了更大的存活概率，因为一个物种里只有少数个体能够存活。我将自然选择称为"最适者生存"法则，因为无论多么微小的变异，只要有用，就可能被保存下来。人们可以通过选择和累积自然产生的有利变异来满足自己的需要，而且自然的力量更加强大。

许多博物学家都表明过这一观点，一切生命都面临着严峻的生存竞争。这一原理放之四海而皆准，我们必须时刻牢记这一点。我们欣赏着自然界的光辉与美丽，却忘记季节性的食物并非年年都丰收；唱着歌的鸟儿以昆虫或种子为食，食肉的野兽就在不远处虎视眈眈。

生存斗争的意义，当然包含着个体生命的延续，也包含生物间的相互依存关系以及它们产生后代的能力。在饥荒的时候，食肉动物为获得食物而斗争；在沙漠地区，植物为获得水分而斗争。如果1000颗种子里只有1颗能够成活，那么就可以说它在与已经覆被地表的同类和异类植物相斗争。我们知道槲寄生长在苹果树上，但我们只能模棱两可地说，它在与这些树斗争，原因是如果同一株树上寄生的植物过多，这棵树就会枯萎死去。另外，如果几株幼苗在同一根枝条上生长并结籽，它们就是在相互斗争。槲寄生的果实被鸟类吃掉，种子由此被鸟类散播，那么也可以说槲寄生在与其他结果实的植物竞争，因为它们都是通过使鸟类吃掉果实，来散播自己的种子。

个体数目以几何级数增长

生存斗争的成败取决于生物体的繁殖速率。一个生物体一生中都会产生若干卵或者种子，并且一定会在某一时期死亡；否则，它的后代会以几何级数增加，那么就没有什么地方能容纳它们生存了。生存斗争既出现在同种的个体之间，也出现在不同的物种之间，或物种与生存环境之间——生物产生的个体数总是多于能存活的个体数，因此生存斗争作为调控个体数目的途径，是一定会发生的。这就是马尔萨斯（作者注：他是英国的经济学家，研究人口与生产力的关系，创立了"马尔萨斯主义"，主张生育控制理论）的学说在动物界和植物界的应用。

毫无例外，所有的生物都以几何级数的高速率繁殖，如果它们的繁殖不受限制，一对生物的后代很快就会充满整个地球。人类的生育速率已经很缓慢了——数目增加一倍的时间约 25 年，但若这样持续下去，不到 1000 年，陆地上将没有人类的立足之地。博物学家林奈计算过，若一种一年生的植物只结两粒种子，它的幼株每年也只结两粒种子（当然在现实中植物是不会如此低产的），20 年后陆地上就会有一百万株这样的植物。我还计算过，如果一对大象的繁殖不受限制，750 年后它们的后代将达到 1900 多万头，而大象是已知动物里繁殖最慢的，它们的寿命可达 100 年，而且一生最多只能生育 6 只小象。

除了这些理论上的计算，我们还发现在有利的环境下，许多野生动物能以惊人的速率繁殖。一些家养动物野化之后展示出的这类证据则更让我们惊异。生育较慢的牛和马被引进南美和大洋洲以后，其增长率非常可观。植物也是如此：很多被引进到岛屿上的外来植物不到 10 年就成了该地区的常见物种。例如，从欧洲大陆引进的刺叶蓟（*Cardan*）和高蓟（*Tall Thistle*）已经成为阿根廷拉普拉塔地区广袤平原上最普遍的植物了。同样的现象也发生在印度，近期才从美国引进的植物已经成为印度的常见物种。这些植物被移入新的家园，数目以几何级数惊人地增长，这并不是因为它们的可育性增加了，而是因为有利的生活环境使得成年个体的寿命延长，几乎所有的幼体都能存活。

在自然状态下，动植物个体数量都有按照几何级数增加的趋势。如果这一趋势没有因为个体在某一生命时期的死亡而遭到制约，那么它们会充满每一个角落，这样也就无法生存了。每年有成千上万的家畜被宰杀以供食用，这就调控了家畜的数量；在野生状态下，一定有其他的机制来发挥同样的作用。

产卵、种子多的生物与产卵、种子较少的生物，其间的唯一差别就是后者需要更久的年月才能遍布整个区域，无论该区域有多大。南美秃鹰每次产两个卵，鸵鸟产 20 个卵，但在局部地区，秃鹰的数量可能多于鸵鸟。管鼻鹱（hù）每年只产一个卵，但人们相信它是世界上分布最广的鸟。苍蝇一次产数百个卵，而虱蝇只产一个卵，但这一差别并不能决定同一地区里两个物种的个体数目。

野生环境中，食物来源往往不稳定，那些对食物量有所依赖的物种就必须要拥有较强的繁殖力，这样一来，当食物充足的时候，它们的个体数量就能迅速增加。通常，个体数量的锐减发生在生命早期，生物通过大量产卵或结籽就能补偿这一损失。如果动物能够保护好它们的卵或幼崽，那么它们不需要大量产卵也能保持物种的个体数目；但如果卵和幼崽的存活率很低，那它们就只能多多产下后代才能保证物种不致灭绝。理论上，如果一棵树能活1000年，并在这1000年中只产1粒种子，若这粒种子一定能萌发长成，就足以保持该物种的原有个体数。这就说明，卵或种子的数量只间接影响动植物物种个体的平均数量。

因此在观察自然的时候，要常常记住每一个生物都在努力地繁衍自身，以及它们必须依靠斗争才能生存，年幼和年老者将不可避免地容易

受到伤害。阻碍生物繁殖的力量如果减弱，毁灭的过程若有少许缓和，这一物种的整体数目将会大大增加，进而改变自然界的面貌。

阻碍个体数目增长的机制

阻碍物种繁殖的原因尚难以解释。卵和幼年动物所遭受的打击最大，但并非一概如此。对植物来说，不但种子可能遭受巨大的毁灭，在各种植物遍布丛生的土地上，发芽的幼苗也会受害，同时幼苗还会遭受其他敌害。在一块已经耕作和清理的土地上，我标记了357株当地土生土长的杂草幼苗，其中295株被蛞蝓和昆虫妨害。长势较强的植物会"消灭"那些较弱的植物，尽管后者已经长成。另一个例子就是，在一小块草地里生长的20个物种，其中有9个物种因受到另外11个物种自由生长的排挤而灭亡。

当然，食物的数量决定了每个物种的繁殖情况。但物种个体的平均数量还受限于这个物种是否容易被其他动物捕食。因此，山鹑和野兔的数目取决于掠食动物的捕食情况。如果过去20年间我们不射杀一头狩猎动物，也不毁灭它们的天敌食肉动物，那么狩猎动物的数目可能比现在还少，尽管事实上我们每年都射杀成百上千头狩猎动物。

极端的气候，如极冷或干旱会严重影响一个物种个体的平均数量。由于来年春天几乎没有新筑的鸟巢，我推算在1854～1855年的严酷冬季，我所居住的地方的鸟类死亡率将达80%。想想看，人类因传染病死亡10%，这对人类来说就已经是异常惨重的损失了。最初看来，气候的变化与生存斗争没有联系，但气候变化影响了食物量，激发了同种或异种生物个体间的竞争。当极端的气候如极冷或干旱直接作用生物体时，最柔弱的个体受害最大。对北半球来说，从南方到北方，或从湿润到干燥地区，有些物种逐渐变得稀少，继而绝迹了。由于气候变化显而易见，我们可能不免错误地把这整个现象归因于气候的直接作用。我们应当记得，各个物种，即便是很繁盛的物种也会在某一时期由于天敌的出现，或与竞争者抢夺栖息地和食物而遭受打击。如果气候稍微有利于它们的天敌或竞争者，使得敌害的数量增加，那么原生物种的数目一定会减少。若向南行进，我们发现一个物种在衰减，其中的原因必定是这一物种受到了损害，其他物种也因此受益。向北行进我们也发现了同样的情况，不过物种衰减的程度较轻，因为所有的物种同它们的竞争者一样，在北边的数目都会减少；由于严酷的自然环境，我们在北方更常见到矮小的植物；在极地、终年积雪的山顶或沙漠，生物所斗争的对象就几乎完全是气候了。

我们所引进的大量植物都可以适应当地的气候，但不能完全归化，因为当地的动植物都和它们有竞争。这种情况说明，气候通过有利于其他物种生存发展而间接发挥制约另一物种个体数目增长的作用。如果一个物种在适宜的条件下高速繁殖，就会常常产生寄生虫导致的传染病，这就引发了寄生虫和寄主间的斗争。

一般来讲，一个物种要想存活下去，它的个体数目需要大大超出它的敌害的数目。因此，我们在田间种植许多的谷物和油菜，它们的种子数目与吃种子的鸟类数目相比占绝对优势。尽管偶尔会有异常丰富的食物，鸟类的个体数目也难以增加，因为冬季的到来会使鸟类的数量受到制约。人们都知道，在小花园里收获一点小麦极其困难，因为一个物种的生存需要保证足够多的个体数。这使得我们相信，只有出现了能让多数个体共同生存的有利条件，单独的个体才能生活下来，这样才能保证整个物种不会绝迹。

生存斗争中动物和植物的复杂关系

生活在同一个地区并相互斗争的生物，它们之间会产生复杂而又出乎意料的关系。有个例子引起了我极大的兴趣：我的一位亲戚在斯塔福德郡有大片田产，那里有一块极为贫瘠无人开垦的荒地。25 年前，这块荒地中的一部分被人们围起来并种上了苏格兰冷杉，从此，植树区的土壤性质发生了惊人的变化，其前后差异的程度简直可以说是面目全非：在植树区，荒地特有植物的数量大幅增长，12 种不常在荒地中见到的植物（禾本科及莎草类不计）也在此繁盛。更好的是，6 种不见于荒地的食虫鸟也在植树区出现了。我在另一个地方（即萨里郡）也注意到，将植物围起来远离家畜是何等重要。在那里的大片荒地上，人们竖起了围栏，自然散播于其上的种子便长成了茂盛的小杉树，它们如此紧密相连以至于不能全部长成。其他的地块上虽有早已长成的杉树，但如果人们没有把这些地块围起来，幼苗就会被牛吃掉。

牛的存在与否决定了苏格兰冷杉的生存状况，而在世界上的另一些地方，昆虫又决定着牛的生存。在巴拉圭，牛和马都没有重回野生状态的现象，在邻近国家却存在这样的例子。动物学家们认为，这是由于巴拉圭的某种蝇类过多，这种蝇在初生家畜的脐中产卵。同时其他寄生虫也会与这种蝇类竞争，如果巴拉圭的食虫鸟类减少，其他寄生虫一旦繁盛，这种蝇类就会减少，家畜就可能在野生环境中存活了。如我在南美其他地区所见，这一状况会改变植物群落，进而影响昆虫，又如同我们在斯塔福德郡见到的那样，从而影响食虫鸟类。不过巴拉圭的诸多生物之间的联系更加错综复杂。

在自然界，万物间的关系绝非如此简单。生物间的斗争一而再、再而三地上演，其结果无法预知，自然却会长期保持稳定，即便最细微的差异也能决定性地让一种生物战胜另一种。物种的灭绝让我们惊讶，因为我们不明白其中的道理，有时我们甚至虚构出一些定律来解释物种的寿命。

另一个表明动物和植物复杂关系的例证是，我们都知道大部分植物靠昆虫传粉，如三色堇的传粉、受精离不开野蜂，三叶草的传粉离不开蜜蜂。20 株与蜂类接触的白三叶草（*Trifolium repens*）结了 2 290 粒种子，而另外 20 株蜜蜂不能接触的三叶草就结不出一粒种子。如果英国的野蜂完全绝迹，那么三色堇和红三叶草这些靠野蜂传粉的植物也会变得稀有甚至灭绝。土蜂的数目很大程度上取决于田鼠的数目，因为田鼠会毁坏土蜂的巢，而田鼠的数目又取决于猫的数目。因此，猫的出现，通过干预田鼠和土蜂的数量，就可以决定该地区某些花的多少！

　　不同的制约因素，在每个生物不同的成长时期、不同的季节年份发生作用，进而影响每个物种的生存。有些因素的力量十分强大，而有一些则相对较弱，但在决定物种个体的平均数量和该物种的生存上，则是所有因素共同作用的结果。我们知道，当一片森林被砍伐后，不同的植被便在那里生长起来，这其实不是偶然的。在美国南部的古代印第安人的遗址上，先前的原住民一定曾经将树木清除干净，以便在地上搭建设施，但如今在这些区域内生活的物种，也具有丰富的多样性，各物种的比例也和周边未经开垦的林地一样。这就是几百年间，不同种类的树木每年各自散播自己的种子并且互相斗争的结果。昆虫与昆虫之间，昆虫与蜗牛、鸟兽之间又经过了何等剧烈的斗争，才从人类活动的遗址上重建了整个森林啊！每个物种都在努力繁殖并消灭对方，它们或者以树木、种子、幼苗为食，或以最初覆盖了地面而妨碍树木生长的其他植物为食。

将一把羽毛抛向空中，它们一定会按照某些法则而落在地面上；但每片羽毛落在哪里的问题，比起动物和植物千百年来如何通过无数次的作用和反作用，来决定现在古印第安遗址上各种树木的比例，就显得十分简单了。

生物之间的依存关系，如寄生虫和寄主，都是在亲缘关系很远的物种间发生的。猫和野蜂、飞蝗类和食草动物之间的情况就是这样。但最激烈的斗争几乎总是在同种的个体之间发生：它们通常居住在同一片区域，取食相同的食物，所受到的威胁也相同。如果生存斗争只是相邻个体互相排挤，那么很快就可以分出胜负。如果把几个小麦变种播撒在一起，最适合该地土壤和气候的那类就会繁盛并产生更多的种子，并在几年内取代别的变种。为了保存极度相近的变种，人们必须将不同类的香豌豆种子分开采收和保存，否则竞争力最弱的变种就会消失。同样，对动物来说，如医用蚂蟥和绵羊也是如此。某些种类的山地绵羊不能和另一些变种混养。假如让我们培育的家养动植物变种像在野生状态下那样互相斗争，并且不去按比例把它们的幼崽和种子保存下来，这些变种将会难以生存下去。

同种个体间及变种间的生存斗争最激烈

同属的物种通常在习性和体质方面非常相近，因此它们之间的斗争，比起不同属物种之间的斗争更加激烈。近来有一种燕子在美国的扩张，使得另一种燕子绝迹；苏格兰一种槲鸫的增多，导致歌鸫变得稀少；在俄罗斯，小型的亚洲蜚蠊排挤了大型的亚洲蜚蠊；在大洋洲，从海外引进的蜜蜂很快驱逐了本地的小型蜜蜂。我们因此能了解到，在自然界占据相同地位的相似类型之间的斗争更加剧烈。至于在这场伟大的战役中，一个物种为什么战胜了另一个，其原因尚不可知。

这样，我们可以得出一个十分重要的推论，即每一种生物的构造，和那些与它竞争食物或居所的生物相关，虽然这种联系呈现的方式常常很隐秘。虎牙或虎爪的构造，与附在老虎毛发上寄生虫的腿和爪的构造就很好地证明了这一法则。许多植物有着富含营养的种子，这最初看来与其他植物没有关系，但将豌豆和蚕豆的种子播撒在杂草中，它们的豆苗仍然能健壮成长，这表明种子里的营养成分帮助了它们与周遭的其他植物相斗争。

有人会问，既然一种植物能抵抗稍热、稍冷、稍干旱或稍湿润的气候，那么它的数量在自己的分布区内为什么不能增加 2～4 倍呢？体质的变化可能是有利的，在极寒或干旱地区，个体会极力争取最温暖或最湿润的地点。直到极地或沙漠这种生存区域的边缘，生物间的斗争都不会停止。要想让一种植物顺利生长，我们就得让它占据优势地位，击败竞争者，并阻止它被动物吃掉。

因此，当一种植物或动物被引入新的地区，面对新的竞争者时，它们必须做出改变，即便周遭的气候与原先的栖息地完全相同。若想使它在新的家园里茁壮生长，人们必须对它做出调整，先使它在新的竞争者和敌害中占据优势。然而知易行难，具体如何去做我们并不清楚，因为我们实际上对生物间的相互联系一无所知，我们所知的只是

生物一直在努力地使自己的数目按几何级数增加，每种生物都会在它生命的某一时期、一年的某些季节、每一世代或每隔一世代面对生存斗争且遭受重创。

生存斗争普遍存在，这一点令人沮丧。在自然界，战争并非永不停息，恐惧是感觉不到的，死亡通常是迅速的。但我们还是可以安慰自己，强壮者、健康者和幸运者可以生存并繁殖下去。

四

自然选择或最适者生存

　　本章的内容是达尔文自然选择理论的基石。所有物种的全部个体都会变异，但只有最强者和最能适应环境的成员才能存活。接下来这些优势种会繁殖并将自己的特性遗传给后代，后代们将继续压制其他物种，直到它们灭绝。如果这时它们的栖息地引进或生出了能够更好适应环境的物种，原先的优势种同样面临被压制的命运。生命的车轮滚滚向前，个体不断优化自身，生命在宏观上不断寻求平衡。

家养生物有无数微小的变异，野生物种也有来自遗传的程度更小的变异。由于家养物种的可塑性很强，人们既不能创造变种也不能防止变种的出现，只能将已有的变种加以保存与累积。有时，人们在无意中改变家养物种的生存环境，得到了在自然条件下也能发生的变异。

生物与它们生活环境的物理条件间的关系极其复杂，因而产生了无穷且多样的结构上的变异。既然对于人类有益的变异曾经发生过，那么在激烈的生存斗争中，对动物有利的其他变异，在许多个世代中就不可能发生吗？存在优势变异的个体，即便这种优势极其微小，也有更大的机会存活下去；另一方面，任何有害的变异，即便十分轻微，也必然会导致个体遭遇毁灭。我将这种生物在有利变异下的保存和有害变异下的毁灭，叫作"自然选择"或"最适者生存"。那些无用也无害的、不显著的变异，并不受自然选择的作用，它们将保持一个多变的状态，或者最后成为固定的性状。

有人对自然选择学说有误解，实际上，自然选择并不能诱发有利的变异；还有人认为自然选择只涉及那些做出有意识抉择的动物，错误地认为既然植物没有意识，自然选择就不涉及它们。从字面意义上来讲，使用"自然选择"这个词是不准确的，因为自然本身并没有意识；但我

们清楚，化学家们提到元素有"选择性亲和力"的意思，并不是说酸有意识地去选择与某种碱化合，同样"自然选择"也是一种比喻性的说法。

有人说我把自然选择说成是一种动力或神力，但大家都明白这种比喻性的表达是为了简单明了、便于讨论，也正因如此，我们用"引力"一词来描述行星的运动。另外，我还要指出，我所谓的"自然选择"是许多自然法则的综合作用及其带来的复杂结果，其中的法则指的是我们所确定的一系列事实。只需要一段时间，我们就会熟悉这些定义，忘记那些不必要的指摘了。

我们以一处正在经历轻微气候变化的地区为例来分析，以便能更好地理解自然选择。气候变化会改变那里的物种比例，因为一个区域内的生物存在复杂的关联，如果某些生物的比例发生变化，那么就会影响其他的生物，有些物种可能会绝迹。如果该地区是一个开放空间，新的类型就会迁移进来；但如果该地区类似于一个岛屿，它的边界被障碍围绕着，外界的物种无法轻易迁入，那么其中的原生物种就会发生改变，进而填补空出来的地位。一个物种里发生改变并有能力适应新环境的个体，就能被保存下来，于是自然选择在改良生物的工作上就有原材料了。正如第一章所述，生活条件的变化会使得变异增加。在前文所述的例子里，新的环境为有利变异的出现提供了机会，进而有利于自然选择。人类通过积累个体差异，让家养的动物和栽培的植物发生改变，自然选择也可以达到同样的效果，且更加容易，因为自然选择可以在更长的时间尺度上发挥作用。自然选择并不需要有巨大的物理变化，也不需要隔离来阻碍外来物种的迁入。一些构造上极其微小的变化，也可以使一个物种"优于"另一个，只要这个物种能够觅食和自卫，同类型的变异就会增加它的地位优势。有没有一个区域，在那里的一切本地生物已经互相适应并良好地适应了物理环境，以至于不再有改进空间呢？我认为这种情况是不存在的。在所有的地方，本土生物都在被外来物种排挤，但本土生物也会发生有利的变异，来抵御入侵者。

通过有心和无意的选择，人类已经产出了伟大的创造，自然选择何尝不能产生同样的效果呢？人类只能对外表可见的性状加以选择，但自然并不在意外观，除非外观对生物有用；人类只根据自己的利益进行选择，自然则对器官、组织和生命的整个结构发生作用，并且为生物本身的利益进行选择，被选择的性状都得到了充分的锤炼。人类极少用特殊和适当的方法来锻炼那些被选择出来的性状，人们用同样的食物饲养相近的物种，即便那些物种生长在不同的气候下：长喙和短喙的鸽子、长背和长脚的四足动物、长毛和短毛的绵羊都接受着同样的饲养方式。人们不让雌性与最有竞争力的雄性交配，也不严格地把劣等的个体毁灭掉，甚至会出于当下实用性的考虑，去选择那些半畸形的个体。人类的愿望总是善变的，生命又十分短暂。因此，与大自然在漫长时间里积累起来的成果相比，人类的产物是极其不完美的。自然的产物比起人工的品种，具有更加"真实"的性状，更能无限适应复杂的生存条件，因为前者已经是被自然烙上印记的完善作品了。

每时每刻，在世界上的每一个角落，自然选择都在仔细审视那些哪怕最微小的变异，把坏的排斥掉，把有用的保存下来加以累积。它永不停息地、静默而缓慢地工作，改善着各种生物同有机和无机条件之间的关系。这种缓慢的变化是随着地球而发展的，我们无法一一察觉，能看到的只有现在的生物类型同先前的不一样了。

自然选择为每一个生物的生存发挥有益的作用，即便有些变化是非常次要的。吃叶子的昆虫的身体是绿色的，吃树皮的昆虫的身体是斑灰色的，高山上的松鸡的羽毛是白色的，这些颜色有助于它们躲避敌害。鹰是目力敏锐的捕食者，松鸡的毛色如同障眼法，常让它们躲避鹰的伤害。偶然毁掉一类动物里某些特定体色的个体，会产生很大的影响。例如，在一个白色绵羊群里，去除任何略有黑色的羔羊就十分重要；如前文所述，吃卡罗莱纳血根草的猪，其体色就决定了它们是存活还是死亡。

植物学家们认为果实的绒毛和果肉的颜色是不重要的性状，然而，一位美国的园艺学家发现，象鼻虫对光皮果实的危害比对绒毛果实更大。他还发现，某种疾病对紫色李子的危害远甚于对黄色李子的危害，而黄桃比其他颜色的桃子更容易受到另一种病害。如果这种微小的差异会对人工栽培的变种产生巨大影响，那么在自然状况下，由于果树要与大量的敌害做斗争，这种微小的感染病害的差异就会决定哪一个变种更加成功，比如是光滑果皮的还是生有绒毛的，是紫色果肉的还是黄色果肉的。

我们知道，家养环境下的生物，在生命的特定时期出现的那些变异，其后代往往于生命周期的相同时间重现此等变异。包括蔬菜种子的形状、大小和风味；家蚕的幼虫期和蛹期的形态；鸡蛋的颜色；雏鸡绒毛的颜色；成年时期牛角的形态等。自然选择可以对处于任何年龄的生物发挥作用，若某种变异恰好在生物的某个年龄阶段对它有利，自然选择便能通过遗传，使下一代在相应年龄表现出同样的变异。

如果一种植物因种子被风传播而获益，那么自然选择就很容易实现这一点，其困难不会大于棉农通过人工选择的方式来改进棉桃里的棉绒质量的做法。自然选择还能改变一种昆虫的幼虫，让它适应与成虫所处的完全不同的多种环境。但根据相关法则，一方面，这会影响成虫的构造；另一方面，成虫身体构造的变化也会影响它的幼虫。但自然选择不会为生命带来有害的变异，否则这个物种就会灭绝。

自然选择能使子代的构造根据亲代的变化发生变异，也会通过子代改变亲代的构造。在社会性的动物里，自然选择可以使得个体的构造适应整体的利益。自然选择不可能改变一个物种的构造但不给它任何利益，不过，自然选择可以改变某些动物一生中仅使用一次的构造，让它满足动物的需求。例如，某些昆虫的大颚只用来破茧，雏鸟坚硬的鸟喙只用来啄破蛋壳。

许多短喙翻飞鸽的幼雏永远不能破卵而出，因此养鸽者要关注孵化的过程并在必要时伸出援手。如果自然"想"创造短喙的鸽子，那么只有那些具有最坚硬鸟喙的幼雏才能存活。当然，自然选择也可以创造脆弱易破的蛋壳，因为蛋壳的厚度和其他构造一样，也是可以变异的。

几乎所有生物都会因偶然事件而遭到大量的毁灭，但这对自然选择

未成年的雌性猎豹

冠鹤

汤氏瞪羚

埃及圣鹮

动物们和谐地共同生活着：
角马、斑马和羚羊

（猎豹）遮挡着自己的幼崽

的影响不大。每年都有大量的蛋或种子被吃掉，除非自然选择筛选出某种变异让它们避免天敌的吞食。然而，这些蛋或者种子不被吃掉，它们所孵育出来的个体可能比其他碰巧生存下来的个体更加适应环境。而且，大多数成年的动植物，无论是否具有适应环境的那些有利结构，每年也会因偶然的因素遭到毁灭。但只要那些较为优秀的个体还足够多，而且它们能够比适应性较差的个体繁殖更多的后代，那么这个物种就不会灭绝。

性选择

在家养状态下，有些特性只见于单一性别，并且作为遗传性状表现在该性别的后代上。在自然状态下，选择可能对雌雄两性都起作用，但更普遍的情况是，它使单一性别的个体发生变异。这种性选择并不来自生物之间，或者生物与外界环境之间的生存斗争，而表现为一个物种里某一性别的个体为了占据另一性别的个体而进行的争斗，通常是雄性之间的争斗。它不像自然选择那样严酷，失败的竞争者通常不会死去，而是少留或不留后代。一般来讲，最强健的雄性，最能够适应周遭的自然环境，留下的后代也最多。但胜利一般不靠体格强壮，而是靠雄性所拥有的特殊武器。无角的雄鹿或无距（鸡爪后侧突出的尖刺）的雄鸡很少能留下许多后代。性选择只允许胜利者繁殖，因此它确实能赋予雄鸡坚强的勇气、较长的距、有力的双翅；这种选择过程与残酷的斗鸡育种者所做的差不多，他们也会选配最强壮的雄鸡来改善品种。

这种斗争的法则非常广泛：雄性鳄鱼为占有雌性而打斗、叫嚣、旋走，就像跳战斗舞的印第安人那样；雄性鲑鱼可以整日战斗不息；雄性甲虫有时会带着被其他雄性的巨颚咬伤的伤痕。自然选择还可以给那些已经装备了尖牙利爪的食肉动物以防御武器，如狮子的鬃毛和雄性鲑鱼的钩形下颌，在获得胜利方面，盾牌和长矛一样重要。

这种斗争在鸟类里一般比较温和。对许多种鸟来说，雄性之间最激

烈的斗争是用歌声去吸引雌鸟。对于圭亚那的岩鹩、天堂鸟和其他许多鸟类，雄鸟将自己的羽毛精心地展开，以极好的形象展示出来，以获得雌鸟的青睐，而雌鸟最终会选择最漂亮的伴侣。笼养鸟也对具有某些特性的个体有偏爱。既然人类能在短期内将他们的矮脚鸡培养出优雅的姿态和理想的变异，雌鸟也可以依照它们自己的审美标准，在几千个世代里，选择出最美丽或者歌喉最动听的雄性。

我认为，性选择解释了为何雌雄动物有相同的一般生活习性，却在外形、体色或装饰上存在巨大差异。在连续的世代里，某些雄性借助武器、防御手段或美丽的外观，比其他雄性更占优势，这些优势又传给了自己的后代。然而，性别差异不能全部归因于这一作用：野生的雄火鸡胸前的毛丛看上去没有任何用处，这在雌火鸡看来是否有装饰效果是一个疑问。倘若这一毛丛出现在家养状态下，或许就被人们认为是畸形了。

自然选择的实例

为了进一步阐释我的自然选择理论，请允许我举一两个假想的事例。狼捕食各种动物，包括最敏捷的猎物，例如鹿。由于发生了某些变化，狼的种群数量增加了，其他不那么敏捷的猎物减少了，这样一来，只有最敏捷的狼能捉到鹿，同时拥有更大的生存机会。无人能够怀疑这种结果，正如同人类通过仔细和有计划的选择，来培养最敏捷的猎狗。我还要补充说明，在美国的卡茨基尔山，栖息着狼的两个变种：其一身体灵巧、行动敏捷，它们捕食鹿；另一种驱体庞大，腿较短，常袭击行动比较笨拙的牧群。

在上述例子里，我所说的意思是行动最敏捷的狼的个体被保存下来，而不是说单独的显著变异被保存。之前我也提到，后一种情况也常常发生；但现在我发现，一个孤立的、显著或不显著的变异，能被独立保存下来是十分罕见的。假如有一种鸟，偶然地生来具有弯曲的喙，能让它更容易地取食，这可能会改善个体的生活，但这个个体要排挤其他普通的类型，从而将此等性状扩散到整个物种里，这样的机会是极其少的。然而，在家养情况下，在许多世代中我们都保存具有弯曲的喙的个体，并毁灭具有正常喙的个体，是可以导致上述结果（即弯曲喙的个体扩散到整个群体）的。

然而，某些十分显著的变异会一再重现，因为相似的生存条件会持续作用于相应的器官。即使变异的个体不把它所有的新性状传给后代，只要生存条件不变，它的后代还是会有向着这一方向变异的倾向。这种定向的趋势有时十分强大，以致同种的大部分个体甚至不需要选择的帮助就能以相同的方式改变。这样一来，如果此种变异对动物是有利的，根据适者生存法则，原有类型很快就会被变异了的类型取代。

大多数的动植物都占据着适宜的栖息地，没有必要不会迁移；即便是候鸟也会有规律地迁徙来变换栖息地。因此，新形成的变种起初只局限在一个地方，发生相似变异的个体聚集在一起继续增殖，并在所在区域的边界上同没有变异的个体斗争。如果新的变种群体从区域中心向外以环形的方式扩张，并最终击败了那些不变异的个体，我们就可以说变种在生存斗争中取得了胜利。

让我们再看一个可能略为复杂的例子。有些植物分泌一种甜液，以便从体液中排出有害物质。某些豆科植物通过托叶基部的腺体来分泌这种甜液，普通月桂树则通过叶背上的腺体来分泌。昆虫非常喜欢这种汁液，但昆虫的来访并没有给植物带来任何利益。假如一种植物的花朵里分泌这种汁液（即花蜜），寻求花蜜的昆虫就会遍身沾上花粉，并将花粉带到另一朵花上，这样一来，同种的两棵植物就能杂交，这种杂交有机会产生强健的幼苗。自然，强健的幼苗有更大的机会存活下去。那些最易被传粉动物接触到的花，以及分泌更多蜜汁的花，也最常受到昆虫的光顾，它们各自最常进行杂交。日复一日，它们最终会占据优势并形成地方性的变种。我们再试想，若昆虫的来访不是为了取食花蜜而是花粉，而花粉是专为植物受精而生的，因此如果昆虫吃掉了花粉，看似是一种损失。但如果有些许花粉被取食花粉的昆虫带到另一朵花那里去，

也可以产生杂交。即便90%的花粉都被昆虫吃掉，从长远来看也对植物是有益的，于是那些能产生大量花粉的个体也会因选择而延续下来。

现在让我们转而看看吃花蜜的昆虫。我们知道蜜蜂精于节约时间，它们在某些花朵的基部咬一个洞来取食花蜜，而不是大费周章地从花冠顶部进去。因此我们可以想见，在某些条件下，一些花朵的曲度和长度能让蜜蜂更容易地得到花蜜，虽然这种曲度的差异小到我们不能觉察。于是，这群蜜蜂所属意的种群就成长得更快，还能生出许多具有同样遗传特性的后代。红三叶草（*Trifolium pratense*）和肉色三叶草（*Trifolium incarnatum*）的管状花冠的长度看上去差不多，但如果仔细观察，就会发现家养蜜蜂能吸取肉色三叶草的花蜜，却不能吸取红三叶草的花蜜，只有土蜂才来访问红三叶草。但家养蜜蜂是愿意吸取红三叶草花蜜的——我看到它们从土蜂在花冠基部咬破的小洞里吸食花蜜，虽然红三叶草遍布田间，但家养蜜蜂只能通过土蜂咬破的小洞吸取红三叶草花蜜。另外，即便这两种三叶草的花管弯曲程度的差异极其微小，也足以使蜜蜂们更经常地造访某些花儿而更少地造访另一些花儿。在红三叶草繁茂的地区，吻部长一些的蜜蜂就占有优势。另一方面，这种三叶草的受粉必定要依靠蜂类，倘若当地土蜂稀少，那么花管较短或花冠分裂较深的三叶草就会获益，因为这样，家养的蜜蜂也能吸取它们的花蜜。这样我们就能理解，通过保存具有互利作用的存在微小结构偏差的个体，花和蜜蜂是怎样或同时或先后地发生了变异，并且以完善的方式互相改进和适应的。

我明白这自然选择的学说会受到反对，正如当初查尔斯·莱伊尔提出，地质作用古今同理，这伟大的假说也遭到过反对。但今天我们用依然活动着的地质作用来解释山谷或内陆崖壁的形成时，已经没有人觉得这些地质活动是微不足道的了。自然选择就是把每个有利于个体的、微小的、可遗传的变异保存和慢慢累积下来；但正如近代地质学不会认为一次洪水就能凿出一条山谷一样，自然选择也不会认为新的物种是持续被创造出来的，或接受生物的结构能发生巨大和突然的改变这种观念。

黑犀牛

个体的杂交

我在这里必须讲一些题外话。雌雄异体的动植物，要受精就必须有两性的参与（除了奇特的单性生殖之外）；这一法则在雌雄同体的生物中体现得并不明显，但雌雄同体的动物也会或是偶然或是习惯地通过交配来繁殖。所有脊椎动物、昆虫和几乎所有其他门类的动物，都得通过交配来生育；极为稀少的、真正的雌雄同体动物基本也都要进行交配，但雌雄同体的植物大部分是不杂交的。

为证实繁育者们的普遍观念，我个人做过许多实验，发现动植物变种之间个体或一个变种内不同品系个体进行杂交，后代的强壮性和可育性会提高。我们还知道，近亲交配会降低后代的强壮度和可育性。因此，一种生物为了族类的存续，就不会自体受精，这是自然界的法则；它和另一个个体交配（即便可能不经常）就是必不可少的。

这一假说是某些事实的唯一解释。培养杂交品种的园艺家们知道，花朵暴露在潮湿的环境下就难以受精，然而有很多花，花粉囊（作者注：是雄蕊的一部分，包含花粉）和柱头（作者注：也叫心皮，是雌蕊的一部分，包含胚珠）都是完全暴露在外的，虽然这样一来潮湿的天气会对它们不利，但能让其他外来的花粉自由进入。尽管雌雄同体的花朵，花

粉囊和柱头生得如此之近，自花受精不可避免，但偶然的杂交对物种来说也不可缺少。一朵花的雄蕊能向雌蕊移动或弹跳，是一种有利于自体受精的适应；昆虫的造访也十分重要，因为它们能触动花蕊。小蘗类植物一般是自体受精的，但如果把相近的变种密集种植，它们也会异体受精，这样就很难得到纯种的后代了。

还有许多其他的例证，花朵具有特别的适应性特征，以阻止柱头接受自花的花粉。半边莲（*Lobelia fulgens*）就有一种令人赞叹的结构，在柱头还没有生长成熟之前，半边莲的花粉就已经成熟，并且被全部释放出去。虽没有物理上的障碍阻止柱头接受自花的花粉，但花粉囊在柱头成熟之前便已裂开将花粉释放。这样看来，个体间的杂交不但是有利的，有时还是必需的。

若将圆白菜、萝卜或洋葱的几个变种种植在一起并让它们结籽，那么培育出来的大多数幼苗都是杂种。例如，233 株圆白菜的幼苗里只有78 株是纯种。这些大量的杂种幼苗一定是异株授粉的产物，并且其他变种的花粉比自己的花粉更占优势。这就是同种不同个体杂交产生优良后代这一法则的例证。

有一种情况可能与上述观点相反：若一棵大树开满了花，花粉几乎不可能从一棵树传到另一棵，只能在同一棵树的花之间传递，而同一棵树的花实在难以被认为是不同的个体。但大自然对这种情况早有应对：它让树长出雌雄异体的花，由于花粉在花之间的传播还是必不可少的，这样花粉也就有机会偶然地从一棵树传到另一棵。

和陆生植物不同，我还没有发现一种陆生动物可以自体受精，即便是蚯蚓这种雌雄同体的动物，也需要交配并异体受精。动物不像植物那样以昆虫或者风作为媒介，因此动物两个个体间的交配行为就是必然的。不过水生的雌雄同体动物中，有许多能够自体受精，水的流动也能造成偶然的杂交。通过大量的研究，我发现没有一种雌雄同体的水生动物，其生殖器官是完全封闭在体内并不接受异体受精的。长期以来，我以为像藤壶和茗荷之类的蔓足纲动物是自体受精的特例，但一个极其幸运的巧合让我发现它们虽然是自体受精的雌雄同体动物，但也会进行杂交。

从这几项考察结果来看，动植物不同个体间进行的杂交，即便不是普遍的，也是极其常见的自然法则。

有利于通过自然选择产生新类型的诸条件

大量的变异显然对自然选择有利。个体数量大，发生有利变异的机会也多，这样即便单一个体产生的变异较少，也能得到补偿。虽然大自然有充分的时间让自然选择施展力量，但这时间并不是无限的。一切生命都努力在自然界夺取位置，如果一个物种无法比竞争者更快地改善自己，它很快就会灭亡。只有该物种的后代遗传了有利的变异，自然选择才能发挥作用。返祖倾向会妨碍自然选择，但既然返祖倾向不能阻止人类创造家养品种，那么我认为它也无法真正阻止自然选择发挥作用。

繁育者出于一定的目的会有意识地对品种进行选择。即便繁育者没有改变品种的意图，但有一个繁殖个体达到完善的标准，这种无意识的选择也会使品种得到改进。在自然界情况也是这样：在一个较小的地区内，一切向有利方向变异的个体都可以被保存下来；但如果这个地区较大，生存环境就会有区域性的差异，新形成的变种在区域的边界杂交，中间性的变种会被临近的相似变种取代。杂交主要影响那些每次生育必须要进行交配的、流动性很强的而且繁殖速度较慢的动物。对于很少迁移且繁殖速度很快的动物，一个新的、改良的变种很快能形成、散布和杂交；但我们并不能说，对繁殖速度较慢的动物，自由杂交会阻碍自然选择的作用。在同一地区内，同种动物的两个变种，经过长久的时间性状仍然有明显区分，这可能是由于它们栖息地不同、繁殖季节不同，或者由于不同变种的个体都喜欢与自己变种的个体进行交配。

杂交在自然界中起着很重要的作用，特别是对于需要交配来进行繁殖的动物，但其实一切动植物都会进行杂交（即便出于罕见的偶然因素）。杂交会对生物产生极大的影响力，因为相比自体受精的后代，杂交后代更强壮且可育性更强，生存能力和生殖能力也会更好。另外，对于那些不交配也不接合的低等生物，自然选择会将其偏离正常类型的个体过滤掉。但如果生存条件改变了，自然选择就会重新定义"正常类型"的特征来保存有利变异。

隔离在物种的变异中也发挥很大作用。在一个封闭且局限的区域里，生存条件常常是均一的；因此自然选择就倾向于使同种的一切个体以同样的方式发生变化，封闭区域造成的隔离就阻止了杂交。一些博物学家认为迁徙可以形成新物种，但这种观点忽视了气候和海拔等条件的不同，该区域的自然经济体制也会随之不同；新的空间被原生的、发生变异的类群填充，且地理隔离阻止了外来类群的迁入，这让原生类群有足够的时间发生改进并形成新的变种。如果封闭区域很小，生活在该地的生物数目有限，有利变异发生的机会也少，这就大大阻碍了自然选择的作用。

对于时间的推移，我必须要说明，它本身并没有什么作用，它既没有推动也没有妨碍自然选择。时间的重要性在于，它为有利变异的发生、积累和固定提供了更多机会。同时，它还能增强生存环境的物理条件对生物体质的直接作用。

在被隔离的小区域，如我曾到访过的某些海岛，那里的物种数目很少，而且大多数是本地的独有物种（在别处是没有的）。最初一看，似乎孤立的小海岛对物种的形成十分有利，但我们如果无法在相同的时间尺度之内，将小海岛和广袤开放的大陆来对比，这一论断就很可能是不正确的。虽然隔离对新物种的形成十分重要，但我更相信开放的广袤区域更适于新物种的产生和繁衍。在广阔的区域中同种生物能大量生存，而且生存环境更复杂。另外，与大量竞争者的斗争能促使更多新物种的产生，占优势的那一方会快速地扩展生存空

间。在瞬息万变的有序世界里，只有那些占据最重要位置的物种才有生存机会。

对于陆栖生物，广袤的大陆对新物种的产生十分有利，这些新物种的个体，为了繁衍和扩展，常常面临着激烈的斗争。如果地面下陷，这块大陆分裂成了隔离的岛屿，每个岛上还有许多同种的个体，它们就成了各自岛屿上独有的物种。每个物种都会去填充岛上空出来的自然经济空间，而且各岛上的变种也有足够的时间去完全地改变和改良自己。这时，如果地面再次升高，相互隔离的岛屿重新连接起来变成大陆，生存斗争又会发生。最占优势的变种就会扩张，排挤改进较少类型的物种。

物理环境的变化或地质环境上的剧变会为自然选择打开一些新的空间，但这种变化极为缓慢。如果当地的自然经济体制中还有一些空位，原有的生物就能发生一些变异并填充进去。另一个促进自然选择的必要条件是隔离的存在，地理隔离使得更加适应环境的类型无法迁入。

即便选择的过程如此缓慢，人类还是能在人工选择方面取得这么多成就，那么我相信，在漫长的时间里，通过自然选择的作用，生物的变异将是无止境的，所有生物彼此之间以及与它们的生存条件之间将互相适应，这种美妙而复杂的关系也是无止境的。

因自然选择而灭绝

既然自然选择保存有利的变异，它就能使有优势的类型排挤劣势的类型。地质学告诉我们，稀少是灭绝的前奏，因此只剩下少许个体的类型，就有可能绝迹。进一步说，各种类型个体的总数是不能无限增加的，那么随着新类型的产生，原有的类型必须灭绝。

此外，个体数目众多的物种，更有机会产生有利变异。因而在生存斗争中，它们就能排挤掉那些个体数目稀少、自我改进比较迟缓的物种。

那些与正在改进和变异的物种斗争得最激烈的物种，当然牺牲最多。我们在"生存斗争"一章中了解到，同一物种的变种或同属中的相近物种之间，由于具有极为相似的结构、体质和习性，彼此的斗争也最激烈。因此，每个类型必须与自身的近亲斗争并努力消灭它们。人类对于家养物种的选择，也存在同样的消灭过程。

性状的多样性

性状多样性原则极其重要，且能解释一些事实。首先，特征显著的变种，虽带有原物种的特征，但它们性状彼此间的差异还是小于那些明确的物种之间的差异。我的见解是，这些变种就是正在形成过程中的物种，或者叫"雏形种"。将来，变种会形成真正的物种，但目前它们与亲本物种只有细微的差异；令人惊异的是，它们的后代最终可以与亲本产生显著的差异，其程度可以让我们认定二者是两个不同的物种。而且这种现象并不能仅仅用偶然机遇来解释。

按照我的习惯，我以家养生物为对照，去探索此事的原因。不同品种的鸽子、赛马和驾车马绝不是在许多连续的世代里，只由相似变异的偶然积累形成的。在实践中，一位养鸽爱好者注意到一只鸽子有短喙，而另一位爱好者发现一只鸽子具有较长的喙。因为养鸽者只喜欢极端类型，他们二人就会挑选和繁育那些具有极长或极短喙的鸽子。这就是翻飞鸽品种的由来。

同样，在远古时期，一个地区的居民需要体轻且奔跑迅速行动敏捷的马，另个区域的人却需要健壮的马。随着时间推移，马的性状差异渐渐增大，形成了两个亚品种，再经过若干世纪，这些亚品种就固定下来成了不同的、稳定的品种了。随着差异的增大，那些既不灵活也不强壮的马就不会被用来育种，因而渐渐绝迹了。通过性状多样性原理的作用，那些细微到难以察觉的差异逐渐显著，品种之间以及它们与亲本之间的多样性也越来越多了。

经过很久的思考，我才将相似的原理对应到自然界，而且这原理应用得很有效。如果一个物种的后代在结构、体质和习性上的多样性越多，那么它们在自然经济中就越能占据各种各样不同的位置，且在数量上也能增多。

试想一种食肉的四足动物，其个体数在分布区域内达到了饱和，如果该区域的条件没有变化，它如果要继续增加个体数量，只有产下发生变异的后代，依靠这些变异的后代去占据其他动物的位置。例如它们中有的个体可以取食其他食物，无论食腐还是捕猎活体；或者有的能进入新的地理环境，如爬树或涉水；或减少它们的肉食习性。这种食肉动物的后代，在习性和结构方面的分异越多样，能占据的位置就越多。这一原理对任何其他能发生变异的动物都适用（生物可以发生变异是自然选择的前提）。对植物也一样，如果人们持续选择某种植物的同一类变种，这块土地上此类的植物变种就会越来越多。我们知道每一种植物都要努力增加自己的数量，最显著的变种就有更好的机会排挤掉那些不显著的变种，从而逐渐升级成物种了。

生物结构上的丰富和多样可以维持大量生物的生存。在一小块开放的区域内，个体间的斗争极为激烈，它们的性状差异很大。我曾经计算过，在一片 1 平方米多的草地上，生活着 20 种植物，它们共属于 9 个目 18 个属！淡水池塘中的植物和昆虫的情况也是这样。许多生活在一小片地区的动植物都在不断地斗争，按照一般规律，斗争最激烈的是来自不同"属"和"目"的生物。我们知道，农民采取"轮种"的方法，在同一块土地上轮流耕种不同的作物，来均衡土地养分，以收获更多的粮食，以上描述的自然界的情形就可以叫作同时的轮种。

在人类引种异国植物方面，也可以看到同样的原理。因为本土植物一定已适应了本地环境，那么我们会设想，归化的异国植物或多或少都与本土植物相近，或者属于少数特别能适应新环境的类群。不过，实际情况却很不同，植物通过归化所产生的新属，远比本土物种多。

我们研究那些与本土物种进行斗争并归化了的动植物，可以认识到本土物种必须如何变异才能胜过它们的同住者。我们可以推论出，若构造的分异程度达到新属一级的差异，这会让它们在斗争中很有利。

同一地区生活的生物，个体不同器官的生理分工差异所产生的利益就是构造多样化产生的利益的一种。结构决定功能，专门消化植物性食物的胃和专门消化动物性食物的胃，其结构都更好地适应于从这些特定性质的食物里吸收营养。所以，一个物种若能发展出大量不同类型的变种，它的个体就能遍布这一区域，适应各种环境。一群身体结构很少有分异的动物很难在与一群结构上有明显差异的动物的斗争中胜利。例如大洋洲的有袋类彼此差异不大，大洋洲哺乳动物的多样性还远远没有发展完善，而欧亚大陆早已有了发育完善的食肉目、反刍类动物或啮齿动物，因此，大洋洲的哺乳动物难以同欧亚大陆的哺乳动物竞争。

自然选择对同一祖先的后代产生的作用

根据上文的讨论，一个物种变异的后代，其身体结构越多样就能占据曾被其他生物占有的位置。这张图（作者注：这是本书中唯一的达尔文的插图）能帮助我们理解，通过自然选择的作用，性状的多样性如何产生利益。

字母 A 到 L 代表一个大属的诸多物种（它们有一定差异）。最普通和分布最广的物种，有着最多的变异。物种 A 就属于这类，从 A 发出的散开的、不等长的线所指向的都是它的后代。根据自然选择原理，只有具有某些利益的变异能保存下来。当一条分支与一条横线相交，它的旁边就会有一个标记，那是因为变异的数量已经有了充分的积累，足以形成一个显著的、能在动物学上被承认的变种。

图中相邻横线间的距离代表 1000 个世代，也是物种 A 产生两个变种 a1 和 m1（字母和数字组合表示假想的类型形成的变种）所需要的时间。由于这两个变种所处的生存条件和它们的祖先发生变异时的条件

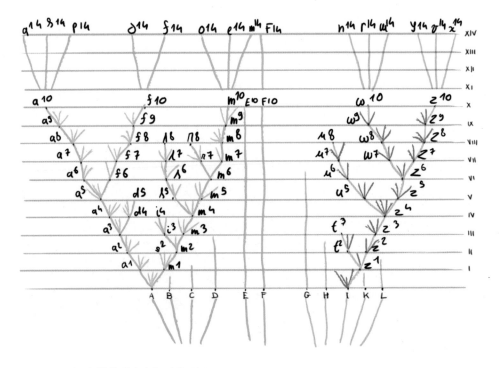

相同，并且变异性是遗传的，它们就会沿着相同的趋势继续发生变异。这两个只发生了轻微变异的变种也遗传了祖先 A 物种的优势，这些优势让物种 A 的数目繁盛，这些条件对新变种的产生都是有利的。

在此后的 1000 代里，变种a1 和 m1 的变异会出现较大的分歧：变种 a1 产生了变种a2，根据多样性原理，a2 和祖先物种 A 之间的差异大于 a1 和 A 的差异；变种m1 也产生了两个变种 m2 和 s2，它们彼此不同，而且与物种 A 的差别更大。每经过 1000 代，有些变种只产生一个变种，有些会产生两三个变种，而有些不能产生变种。这些 A 物种的变异了的后代数目不断增加，类型也越来越多样。在图中，这个过程表示到 1 万代为止，在简化的形式下表现到 1.4 万代。

在现实中，这些过程当然不会像图中所示的那样有规律。更可能的情况是，一个类型保持长期不变，然后再发生变异。同样，发生变异的变种也不一定能保存下来：自然选择只对未被占据的地位发生作用，其中也包含了非常复杂的关系。一个广布的物种的后代，常常能继承祖先的优势，所以它们既能快速繁殖，也能产生性状分异（由在图中物种 A 发出的数条分支来表示）。最新的和更加高级的分支趋向于占据老的分支并排挤掉它们。在 1 万代以后，物种 A 产生了 a10，f10 和 m10 三个类型，根据横线间变化量的大小，这 3 个类型就各自成为显著的变种或明确的物种了。再过 4000 代，祖先物种 A 就有了 8 个后代物种a14 到 m14。这时，一个与物种 A 关系极远的物种 I 在自然经济中也取得了很好的地位，它在 1.4 万代中产生了 6 个物种 n14 到 z14。我认为，这样一来，由于新物种的不断增加，新属就形成了。

在变异过程中，物种都有排挤和取代另一物种的倾向，因此灭绝也是演化历程的重要组成部分。由于相近类型之间的斗争非常激烈，子代和亲代之间也会互相倾轧，后代会努力占据祖先的位置。基干物种被更新的和更发达类型的物种战胜，所以像许多旁支类型一样，基干类型也很容易灭绝。除非那些变异了的后代进入新的区域，原始类型才能继续生存。不过一般来说，就像我们图中显示的那样，物种 A 和 I 与它们

较早的变种均告灭绝，分别被 8 个新物种（a14 到 m14）和 6 个新物种（n14 到 z14）所取代。

进一步来讲，图中所描绘的那些类型里，物种之间相似的程度并不相同；物种 A 依次与物种 B、C、D 关系相近，直至物种 I，它与物种 A 的关系最远。物种 A 和 I 都是常见的广布种，比其他物种占有优势。在 1.4 万代后，它们变异了的后代占据了自然经济中空缺的地位。在这一过程里，它们不但消灭了祖先物种 A 和 I，还消灭了一些近缘的原始物种（B，C，D 和 G，H，K，L）。在很多代之后，原始物种里只有物种 E 和 F 生存了下来，其中物种 E 存活到第 1 万代（即 E10），而物种 F 一直存活到第 1.4 万代，与物种 A 和 I 的 14 个后代物种共存。现在，11 个原始物种传下来 15 个新物种，由于自然选择会造成分异的倾向，物种之间的差别就更多了。另外，新物种之间的亲缘关系也不相同：物种 A 的 8 个后代里，a14、q14 和 p14 都是从 a10 分化出来的，所以亲缘关系很接近；b14 和 f14 在很早的时候就从 a4 分化出来，就更加特化；最后，o14、c14 和 m14 在亲缘上很接近，但它们在变异的开端便从物种 A 分化出来，所以它们与另 5 个物种有很大差别，可能独立组成一个明确的亚属或属。

同样，物种 I 的 6 个后代将形成两个明确的亚属或属。但由于祖先物种 I 与 A 大不相同，所以物种 I 和 A 的后代物种会被列为不同的属，甚至不同的亚科，但它们最初都来自同一个属，只不过在漫长的时间里发生了许多的变异。现在，让我们研究一下新物种 F14，它保留了原始物种 F 的类型，性状变化并不大。F14 和与它同时代的其他 14 个物种之间的亲缘关系十分奇特。物种 A 与 I 为灭绝物种，它们的性状已不可知，不过来自物种 A 与 I 的中间类型，它们一定保留着介于物种 A 与 I 两群后代之间的性状，但物种 A 与 I 的后代已经和它们的祖先类型有了分异，因此 F14 的性状并不直接介于祖先物种之间，而是介于物种 A 与 I 的两个后代群体的类型之间。

在将来，即便新的和更高级的群体会扩增并倾向于排挤老的群体，使后者最终消失，我们也无法预言哪几个群体能最终取得胜利。实际上，曾经极为发达的群体也会灭绝。由于大的群体持续稳定增长，大量的较小的群体会灭绝并且不会留下变异了的后代。因此，只有极少数远古物种有现存的后代，另外，同一物种的所有后代形成一个纲，于是我们就能理解，为什么动物和植物的主要门类里，现存物种的纲是如此之少。虽然只有少数远古物种留下变异了的后代，但在地质时期里，地球上可能同今天一样繁盛，生活着来自许多纲、目、科、属的物种。

生物体质可能达到的进步

自然选择的作用在于累积有利的变异，终其一生，每个生物都倾向于根据生存环境来自我改进。这会引起全世界多数生物体质的逐渐进步。然而，我们首先要对什么是"体质进步"达成共识。对脊椎动物而言，智慧和构造越接近人类就表示它们越进步，但这个论断也有争议。一些博物学家认为鲨鱼是最高等的鱼类，因为它们最接近两栖类；其他人认为硬骨鱼是最高等的鱼，因为它们有最标准的鱼类形态。这一问题在植物中更加晦涩不明，植物并没有智慧。植物学家认为花的每一个器官（萼片、花瓣、雄蕊、雌蕊）都充分发育的植物最为高等，其他学者认为器官变异很大且数目简化的植物最高等。

如果我们接受这一定义，即判断体质是否优秀的标准是一个成年个体身上器官的特化（指由一般到特殊的生物进化方式）总量（包括脑的特化），那么自然选择总会趋向于这个优秀的标准。事实上，既然器官的机能变得更好了，这种特化就对个体有利。另外，只要记住一切生物都在增加自己的数量以占有自然经济体制中未被占有的地位。那么我们就可以知道，自然选择可以使个体逐渐适应特定的环境，包括让那些多余且无用的器官退化消失。

如果一切生物都倾向于优化升级自己的体质，为什么还有低等生物存在，并且这些低等生物没有被高等生物取代呢？对于这个悖论，拉马克认为简单的和新的类型可以不断地自然产生。而根据我们的理论，低等生物的存在并不难解释，因为自然选择未必意味着前进，只有对生物在其复杂生活中有利的那些变异才能被自然选择保留。高等的构造对一种蚯蚓或一种肠道寄生虫有什么益处呢？如果没有益处，自然选择就会保留它们原有的结构而不加以改造。或许淡水微生物和肉足类原生动物（如根足类动物）长久以来都没有改变，但我们并不能以此判断所有低等生物自从地球出现生命以来都没有进步。

同样的理论也适用于大的群体：在脊椎动物中，哺乳动物和鱼类共存；哺乳动物中，人类和鸭嘴兽共存；在鱼类中，鲨鱼和文昌鱼——一种结构十分简单接近于无脊椎动物的生物共存。哺乳动物和鱼类彼此几乎没有斗争；即便某些哺乳动物进步到最高的等级，大概也不会取代鱼的位置。另外，生理学家认为，脑必须有温血的供应才能高效率地运作，这就需要生物直接呼吸空气，所以温血的哺乳动物必须浮上水面呼吸，这对它们就很不利。在鱼类中，鲨鱼也不会取代文昌鱼的位置，因为二者并没有竞争关系。哺乳动物中3个最低等的目（有袋类、贫齿类和啮齿类）在南美与多种猴子共生，彼此相安无事。若栖息地特别局限，较低等的生物可能会由于隔离的存在而得以存活。因此，只要它们没有剧烈的竞争，某一个纲或个体的优化并不一定会使低等的类群灭绝。

低等生物还生存在世界上是有许多原因的，如缺少有利变异，没有足够的时间去发展等等。但主要的原因是，简单的生活环境让低等生物得以保存；在简单的环境下，复杂的体质会让生物更加脆弱，更容易被摧毁，从而成为一种劣势。

性状的趋同

一些学者认为我把性状多样化的重要性估计得过高了，且没有充分考虑性状的趋同。如果两个物种来自两个不同但是非常接近的属，它们的后代有多种新的类型，这些类型可能十分接近，以至于能把它们归在同一个属里。这样一来，两个不同属的后代就合并成一个属了，但这种趋同毕竟是少见的，不同的物质也可能有十分相似的形态。每一个类型的产生都是由极度复杂的关系决定的，包括难以解释的变异、外界环境、与之竞争的生物、遗传等等因素。如果存在这样一种情况，即两个完全不同的生物产下的后代能完美地趋同，以至于近乎一致，那么我们一定能找到地质学证据，但事实不是这样。

自然选择和性状的多样化能造就无数种不同的、能够适应有机的生存条件的类型，这种说法也受到了反对。随着物种数目的增加，有机的生存条件会越来越复杂。初看来，物种数目的增加似乎可以是无限的，但我们并不知道，在动植物（包括外来归化的动植物）都十分繁盛的区域，例如好望角和澳大利亚，那里的物种数目是否已达到上限。地质学告诉我们，从第三纪开始，贝类和哺乳类的物种数目几乎没有增加，看来抑制物种数目增加的机制已经启动了，一个地区能够生存的生物数目一定是有限的。这个数目取决于外界条件，另外，如果该地区生活着许多物种，那么每一个物种的个体数目会很少。由于气候的意外变化或敌害的增加，有些物种会消失，这个绝迹的过程是迅速的，而新物种产生的速度却是缓慢的。

若一个小的区域内有很多物种生存，每个物种的个体数目很少，只要遭遇一个严寒的冬天或一个干燥的夏天，成千上万的物种就会绝迹，幸存者可能会十分稀少。它们彼此之间还有近亲关系，在短期内，它们无法产生有利变异，所以适应性更强的新类型也就难以出现了。

立陶宛的野牛、科西嘉的鹿和挪威的熊，它们的灭绝大部分是这种原因所致。不过我相信，还有另外一种重要的因素，即一个优势物种既然已经击败了许多竞争者，它就会倾向于扩张并取代其他的物种。因此，这些物种就会在全球尺度上抑制物种类型的异常增加。我的朋友，植物学家约瑟夫·道尔顿·胡克也阐明，在各地的人们来到澳大利亚后，澳大利亚东南的本地植物就大大减少了。这些论点究竟有多大价值，我还不能做出定论，但这些因素限制了物种类型数目无限增加的趋势。

本章小结

生物体的结构存在着差异，个体数目的增加会带来物种之间严酷的生存斗争。考虑到生物相互之间和它们与生存条件之间的复杂关系，以及各自结构、体质和习性上的多样性，我们可以推断，对每一个个体来说都存在有利于它的变异。有利变异也同样发生在人类身上，让人类在生存斗争中占据优势。根据强大的遗传原理，个体会将有利特征传递给后代，这种最适者生存的现象就叫自然选择。它使得每个生物由于生存条件得到改善，并引起体质的优化。然而，简单且低等的类型，若能适应它们的生活环境，也能长久地延续下来。

同样，遗传原理也解释了自然选择能够在生命体的任何年龄段——无论是卵／种子、幼体还是成体阶段对它加以改造。在许多动物群体中，性选择能确保最强健的雄性产生最多后代，还能使雄性个体获得有利性状，以便与其他雄性个体斗争，并且将这些有利性状遗传给雄性或雌雄两性的后代。

我们看到，自然选择使性状多样化，若一个生物体的后代变异越多，则它们就越能在生存斗争中胜出。自然选择也解释了生物的灭绝。

大属里最常见的、广布的物种变异最大。它们拥有一些有利特征，正是这些特征让它们成为优势物种，并排挤掉不那么高级的类型，同时这些有利特征将会传递给变异了的后代。

这些原理解释了全世界无数生命体之间的相似性和明显差异。所有动植物都可以分为彼此相关联的各类群；同一物种的邻近变种、同一属的各物种形成区和亚属，再汇集成亚科、科、目、亚纲和纲，类群之间环环相扣，有着无穷的联系。如同我们在图中所示，遗传和自然选择引起了生物的灭绝和性状分异，这些就解释了生命间相互关联的机制。

同一纲中所有生物的亲缘关系常用一张树状图来表示，我认为这种表示方法是很精准的。长芽的树枝代表了现存的物种，大的枝条代表连续的、灭绝的物种。在每一个生长期，所有小树枝都努力向各个方向延伸，来取代和毁灭周围的树枝与枝条；同样，物种和物种的集群也是这样和其他物种进行斗争的。树干产生分叉，再分为大的枝干和更多更小的分支，当树幼小时，它们都曾经是长芽的小树枝。老芽和新芽的关系就代表一切灭绝物种和现存物种的分类，它们在类群之下又分为类群。当树还是一株矮小的树丛时，它的许多树枝中只有两三个能长成大的枝干，并且负荷着其他枝条。同样，在久远的地质年代曾生活过的无数物种，它们中只有极少数能留下现存的、变异的后代。自这棵树生长以来，大大小小的枝干枯萎、脱落了，它们就代表了那些已经灭绝的，只有化石记录的目、科和属。

　　一个细小的、生长在不合理位置的枝条从树的下部生长出来，并且由于某种有利的生存条件，它们至今还存活着并且到达了树冠的顶端；这代表了意外幸存的动物，如鸭嘴兽或肺鱼，它们各自以亲缘关系为纽带，将两条枝干联系起来，并且可能由于生活在同一个隔离环境的原因，避免了致命的竞争。如同新芽的产生，强壮的新芽能长成枝干并排挤掉那些较弱的枝条，所以我相信，巨大的生命之树也是这样生长的，枯萎和断掉的枝条被埋藏在地层里，那些尚存且生生不息的壮丽枝干覆盖了地面。

后续章节

　　达尔文这本巨著的后续章节并不是多余的，他亲眼观察到了自然生命中那些令人惊叹的例证，并以此为证据对其他重要的问题详加论述。但这些例证太过冗长和琐碎，因篇幅所限，这本简化版的《物种起源》将不再详细介绍。

这本生命科学的基础著作几乎多达 500 页，写于 150 多年前，它的目标读者是学术界人士，或至少是有志于探索生命科学的人。现在，读者们手上的这本插图版《物种起源》只是原著的缩略版，旨在让大众了解达尔文的学术著作。

20 世纪和 21 世纪的巨大科技进步证实了达尔文的很多学说，但在他的时代，所有的这些只不过是达尔文一些简单的设想。因此，原著的行文中有一些修辞性的说明，并且，由于那个时代人们的知识水平和探索世界的手段都十分有限，有时这本书会被认为太过老旧了。但它的作者仍然是一位思想界的先驱：《物种起源》解释了适应性，这是当代生态学的发端。因此，这本书是诠释生命演化机制的奠基之作。

在第五章，达尔文列举了很多显著的例证来进一步说明变异法则，这也是对前几个章节的补充说明。当然，他完全明白自己的理论难以被当时的社会接受，因此在第六章，他对席卷而来的批评意见做出了驳斥。在内容丰富的第七章，他介绍了诸如布谷鸟、鸵鸟、蜜蜂和工蚁的本能。在接下来的章节中，作者以骡子——驴和马的杂交后代为例来阐述杂交现象。在第九章，他论述了地质记录的不完整性，当时，地质学还是一门新兴的自然科学学科，达尔文的朋友查尔斯·莱伊尔在地质学方面的独创性工作，使达尔文受到了启发。自然，在第十章他就谈到了生物在地史时期的演替以及古生物学——在 19 世纪，这也是一门新兴学科。随后，在接下来的两个长长的章节里，达尔文讲述了物种的地理分布，并借此讨论了如胚胎学等艰深的问题，以论述生物之间的亲缘关系。

"由于整本著作是一部长篇的议论文，为便于阅读，我认为应当把主要的事实与推论加以复述。"达尔文在《物种起源》最后一章的开头这样写道。在这最后的 30 多页中，他简单复述了整个自然选择理论和他的结论，以及他坚信"经过一系列漫长的世代交替，所有物种都会变化。"

全书最后的几页再现了亚里士多德、林奈和达尔文都推崇的格言 *"Natura non facitsaltum"*，意为现今所有的生命形式都是由古老的形式经过改造，分化而来，而不是由某种超自然的意志自发创造的。最后几页的内容是达尔文生物进化理论的总结，无论是在以往还是现在，他的学说都遭受着攻击。

我们已经将《物种起源》里，达尔文重复性的长篇大论大大压缩了，但我们在此充满敬意地保留了达尔文在结尾处这一段富有诗意的文字。

"当我们欣赏水草丰茂的河岸，上面覆盖着各种各样的植物，枝头有鸟雀歌唱，昆虫飞来飞去，蠕虫爬过湿润的土地。让我们想象这些生命形式是如何被精心营造的，它们之间有诸多不同，却又以十分复杂的方式相互依存。它们都出自于我们身边正在运行的自然法则——生长、繁殖、遗传和变异法则，物种的增殖法则，最后还有自然选择法则，正是它决定了特征的多样化，导致了较低等类型生物的灭绝。经过无数的饥荒与死亡，这场战争造就了我们能想象到的最令人称叹的产物，即高等动物。最初，造物主将蕴含生命的力量赋予一个或少数几个生命，当这颗星球沿着永恒不变的重力法则持续运转之时，它上面的一种或几种最简单的生命形式，演化出了最美丽和最奇特的类型，并仍在演化中，生命作如是观，何等壮丽辉煌。"

附录篇

查尔斯·达尔文
冒险家、科学家和慈父

高级知识分子家庭里的"淘气鬼"

　　1809 年 2 月 12 日，查尔斯·达尔文生于英国威尔士附近的一座名叫什鲁斯伯里的小城镇。他的父亲罗伯特·达尔文（1766—1848）和祖父伊拉斯谟·达尔文（1731—1802）都是医生。伊拉斯谟·达尔文继承了启蒙运动的思想，是一位知识分子和人文主义者，同时也是地质学家、博物学家和哲学家。1794 年，伊拉斯谟出版了《动物学》，先于法国学者让 – 巴蒂斯特·德·拉马克提出了变异理论，并驳斥了当时教会坚持的物种不变论，即认为物种是由上帝创造且不可变的。在某种程度上，伊拉斯谟预言了他的孙子查尔斯·达尔文的学说。

　　达尔文的母亲苏珊娜·威治伍德（1765—1817）来自一个古老的制陶业家族，家中拥有一座兴旺的工厂。达尔文的外祖父，即苏珊娜的父亲约西亚·威治伍德（1730—1795）是一位成功的企业家，他与朋友伊拉斯谟·达尔文一同创办了月光社，这是一个自由思想者的社团，并反对奴隶制。两家的情谊从此开始，并促成了罗伯特和苏珊娜喜结连理。苏珊娜于 52 岁去世，留下了 6 个孩子，那时查尔斯·达尔文只有 8 岁。父亲罗伯特虽然慈爱，但无暇亲自抚育孩子，于是，查尔斯·达尔文在姐姐卡洛琳的监护下长大。

　　虽并非家财万贯，罗伯特·达尔文的资产已足够将孩子们送去最好的教会学校。小查尔斯在校园里并不是最专注的学生，总是"游手好闲"，喜欢享乐，但这位"淘气鬼"（这是他的自称）显示出了对自然界的热忱和令人惊异的观察力。他震惊于生命世界的壮丽与多样，并采集了许多植物和昆虫标本，这为他后来的伟大工作埋下了不经意的伏笔。

　　遵从家族传统和兄长们的成长轨迹，达尔文于 16 岁赴爱丁堡学习医药学，但他对这门学科兴趣索然，虽然他能够打猎，却见不得血腥。最终他放弃了医药学。他的父亲在失望之余，将他送去剑桥大学。在剑桥大学的基督学院，达尔文似乎打算成为一名神职人员。在圣公会教堂实习期间，达尔文有充分的时间在乡间进行考察并研究植物学，罗伯特希望自己这个"不学无术"的儿子能步入正轨，走上神职人员的道路。

虔诚的天主教徒

达尔文的家庭同当时英国的千千万万个家庭一样，虔诚地信仰天主教。他们相信：上帝用 6 天创造了世界，第七天则是礼拜日与休息日；从虚空中，上帝创造了黑夜与白昼，天与地，一切动物与植物，最后创造了男人；上帝用男人身上的一根肋骨创造了一个女人，这个女人便是男人的妻子；传统的说法是，这创世的一周以及亚当和夏娃的诞生发生在公元前（即耶稣降生前）4000 年；至于当时发现的灭绝动物的骨骼，不过是公元前 2400 年那场大洪水中，上帝毁灭的劣等产品。

作为一个医学生，达尔文当时并没有怀疑神创论。虽然他对学业心不在焉，缺席了很多课程，但对牧师约翰·史蒂文斯·韩斯洛（1796—1861）执教的植物学课有极大兴趣，师生二人常在田野间散步，在长期的相处中，牧师发现了年轻的达尔文有良好的素质，虽然那时他的学业并没有预示他远大的未来。达尔文收集昆虫、啮齿类、鸟类、植物和岩石矿物，并将探究其中道理的爱好保持了一生。虽然师生二人在交谈中并没有开始怀疑当时主流的上帝创世说，但无疑，遇到导师韩斯洛是达尔文人生的转折点。

从企盼旅行到扬帆远航

1831 年，达尔文从剑桥大学毕业了，成绩平平。不过，他从德国博物学家、地理学家亚历山大·冯·洪堡（1769—1859）的著作里学到了很多知识，洪堡的旅行见闻让达尔文有了新的梦想，曾经，他只想在英国的某个小城里布道，但现在他想看看整个世界了。

达尔文和与在剑桥大学结识的朋友马尔迈杜克·瑞姆塞（1796—1831）约定去加纳利群岛上的一座名叫特里内费岛（Tenerife）的火山岛，洪堡在著作中提过这座小岛。不幸的是，瑞姆塞突然亡故，达尔文也就搁置了旅行计划，回到什鲁斯伯里打猎散心，就在那里，他收到了一封来自约翰·韩斯洛的信。导师韩斯洛建议他申请随贝格尔号科考船，对南美洲进行地理考察。船长罗伯特·菲兹罗伊（1805—1865）因旅途寂寞，需要一位科学家同伴随行。达尔文非常想参与，但他的父亲认为这是不务正业，反对达尔文出行。不过，达尔文的舅舅却认为这是一个绝佳的机会，并说服了他的父亲。这样，达尔文挥别了家人与他的未婚妻爱玛·威治伍德，与船长会面，并表示希望能随贝格尔号科考船远行。

身为贵族，年轻精干的罗伯特·菲兹罗伊船长自 23 岁开始执掌贝格尔号，他是一位杰出的航海者，也是知识分子，因而受到手下的爱戴。尽管如此，菲兹罗伊的宗教信仰十分激进，远不如达尔文有革新精神。在首次略显冷淡的会面后，两人渐渐发现了共同的兴趣，长期以来船长郁郁不乐，而达尔文的陪伴正是他这次漫长的旅行所需要的。

贝格尔号原是一艘双桅横帆战舰，后被改装成科考船。1830 年，它首航归来，任务是考察南美洲地理并进行地图绘制，但首次航行并未能完整地确定海岸线的位置——这对英国的海上霸业至关重要。因此，菲兹罗伊说服海军部再次拨款资助对巴塔哥尼亚地区的考察。1831 年12 月 27 日，达尔文与其他 74 名船员登上了这艘小型战舰，它全长28.6 米，宽 7.2 米。船上不但有军官、水手和一些科学家，还有 3 名巴塔哥尼亚印第安人，他们是在上次航行中被掳掠来"归化文明"的。这次，3名印第安人带着任务——他们要回到土著的部落里，劝说人们皈依天主教，当然这是一次惨痛的失败。在途中，达尔文忍耐着晕船的不适，还与官方派来的博物学家发生了冲突（后者很快离舰了），但总的来说，他激动万分。他与一位绘图师和另一位年轻人（未来他将成为达尔文的助手）同住在被前桅分隔开的小舱室，在那里，达尔文潜心阅读自己带上船的书：查尔斯·莱伊尔（1797—1875）所著的《地质学原理》。在书中，莱伊尔反对教会的观点，主张地球形成今天的面貌需要相当漫长的时间，这一学说让达尔文感到震撼。伟大的地质学家莱伊尔在此后将成为达尔文的重要后盾和朋友。

五年远行，改变一生

贝格尔号从英国南部的普利茅斯启航，停靠特里内费岛和佛得角，并于1832年2月底抵达了巴西的萨尔瓦多－巴伊亚海岸。巴西比达尔文从洪堡书中读到的更加五光十色。他既钦慕雨林里富裕的庄园主，也深感生存斗争的残酷。参观种植园时，对奴隶制十分不同的看法，引发了达尔文和菲兹罗伊的第一次争执。

由于家庭影响，达尔文是一位废奴主义者，而菲兹罗伊却认为这种制度对奴隶是最好的，如果放任奴隶们自由，他们只会产生不负责任的后代。争执过后几天，两人握手言和，整个旅途中他们将会有很多争论，特别是原计划两年的航行，又延长了两年，最终整个航行时间近5年。

海上的航行只占整个旅途的一小半，这为达尔文提供了绝佳的研究机会，长达数周的岸上停留时间，让他有时间组织陆地上的深度考察。在阿根廷，他发现了灭绝动物的骨骼，见到了巴塔哥尼亚印第安人——这些原住民衣不蔽体、不通教化。在智利，他经历了一次惊心动魄的地震。在安第斯山脉之巅他发现了贝类化石，这个发现让他产

生了巨大的疑问，而他所看到和经历到的一切都震动着他的世界观。达尔文狂热地收集了数千例标本，并为它们写上标签。这片气候恶劣的海域也有其他英国船只通过，达尔文便将自己收集的标本交由这些船只带回伦敦。

1835 年秋天，贝格尔号停泊在加拉帕戈斯群岛，达尔文则有机会研究当地的动物群——海鬣蜥和巨型陆龟，并考察临近的岛屿。达尔文研究了各个岛屿上的地雀后，发现每个小岛上都有独有的鸟类物种。达尔文推断，如此小的区域蕴含着如此丰富的分异，那么这里的生物一定是通过变异来适应它们的环境。祖先个体如果得以生存，就能把新获得的性状传给后代。贝格尔号在澳大利亚环绕一周，人们尽览了那里壮丽的地貌，然后船在科科斯群岛（Cocos Islands）停驻，那是印度洋上的一个原始热带天堂。对珊瑚礁的观察，启发了达尔文回想群岛的形成过程，并让他确信了地质学家莱伊尔的理论：地球的年龄远超过 6000 年，它形成现在的面貌可能需要上百万年的时间。

虽然达尔文送回的标本震惊了英国的学术界，贝格尔号船上的气氛却不容乐观。菲兹罗伊船长完全不接受达尔文关于物种可变以及地球年龄的推测，二人的关系变得十分紧张，菲兹罗伊船长甚至一度后悔将达尔文带上船。1836 年 10 月 2 日，贝格尔号到达英国港口菲尔茅斯，4 年 9 个月的航程到此结束，全体船员都松了一口气。

科学研究与家庭生活

达尔文回国后便成了几个知识分子社团的成员，这要归功于他的导师韩斯洛，后者向学术界大力宣传了达尔文所带回的精美标本。这样一来，达尔文与他的偶像们——地质学家查尔斯·莱伊尔（1797—1875）、古生物学家理查德·欧文（1804—1892）和鸟类学家约翰·古尔德（1804—1881）建立了交往，达尔文通过在加拉帕戈斯群岛观察到的 13 种不同的地雀提出的地雀物种形成的假说，也受到了古尔德的认可。这一时期，达尔文高效地工作并开始发表论著，如旅行见闻和地质学研究，包括关于珊瑚礁和火山岛的研究等。达尔文的著作让人们了解到地史时间十分漫长，他本人也与一些宗教观念渐行渐远，他不再想成为一名神职人员了。达尔文将成为一名科学家，这也让他的父亲感到欣慰。

但达尔文并不喜欢伦敦的生活。1839 年，他与表姐爱玛婚后搬去了肯特郡一座名叫道恩（Down）的庄园，它在城市南边，距城里有 27 千米。在乡间，这位博物学家终于能全心投入工作，研究自己的庄稼与牲畜，当然也包括鸽子；他与农民们交流，因为他们懂得保存优秀的变异，选择最优良的个体，从而有意或无意地改良物种。

这一时期，达尔文也享受着宁静的家庭生活，他是一位非常慈爱的父亲。爱玛生下了 10 个孩子，其中 8 个活了下来，其中，达尔文最喜欢的是第二个孩子——1841 年出生的女儿安妮。但活泼可爱的小姑娘在 10 岁时因病夭折。达尔文陷入悲伤之中，并开始怀疑上帝的存在：为何上帝要将厄运降予美好而无辜的安妮？随着时间的流逝，生活渐渐步入正轨，达尔文其他的孩子长大成人，他也继续着研究和写作，但他仍然觉得，将自己的物种起源理论公之于众，还未到时机。

达尔文的思想革命与论战

达尔文将经济学家托马斯·罗伯特·马尔萨斯（1766—1834）在《人口论》中宣讲的控制人口增长的学说延伸到动物物种上，并修订了自己的生存斗争与自然性选择理论。虽然他孜孜不倦地写作，但意识到自己的理论将会惊世骇俗，达尔文以搜集更多证据为由，一再推迟将已经撰写了多年的著作付梓出版。这段时期，达尔文因为一种长期而周期性的低烧（可能是在亚马孙雨林里考察染上的）而身体虚弱，闭门谢

道思庄园

客，而他的朋友们坚持劝说他将书稿完成并出版。此外阿尔弗雷德·罗素·华莱士（1823—1913）也将要在1858年发表类似的著作，在这些因素的推动下，达尔文终于写完了此书。华莱士小达尔文14岁，不过华莱士的背景与经历，使他独立地得出了与达尔文相似的物种起源理论，只是不如达尔文的这般完善。

达尔文花了不到一年的时间收集、整理笔记并写作书稿。书名已经起好了——源于自然选择的物种起源，还有一个副标题"在生存竞争中对优势种类的保存"。他本想让书名通俗易懂，但最后为了准确起见，还是用了一个长长的书名。1859年11月24日，首版印刷的1250册在发售当日即告售罄，但达尔文所担心的抨击终于变成了现实，这让他喜忧参半。维多利亚女王的英国传统教廷以虚假的指控，不遗余力地攻击达尔文的理论。虽然达尔文非常谨慎，在书中没有提及任何关于人类起源的猜测，但天主教学者们仍然指责他把人类与猴子联系在一起，漫画家们还以此丑化达尔文，创作了半人半猴的达尔文人物形象。在1860年6月的一次会议上，科学家们和神职人员一同公开、严肃地讨论自然选择理论。达尔文最有话语权的对手之一——牛津主教萨缪尔·威伯福斯不怀好意地问达尔文，他的祖父母究竟哪一支是猴子的后代。在批判者们的哄笑中，达尔文的支持者，生物学家托马斯·亨利·赫胥黎（1825—1895）反唇相讥，说相比一个用自己的才华来为错误信仰服务的学者，自己宁愿是猴子的后代。不过，菲兹罗伊船长站到了反对达尔文的阵营里，他认为达尔文是宗教信仰的叛徒。5 年后，饱受抑郁困扰的菲兹罗伊船长饮弹自尽。

世界在改变，工作在继续

为了避开各方的攻击，达尔文大部分时间都在道恩庄园深居简出，勤奋地工作着。随着工业革命的兴起，世界进入了科学与知识大爆发的时代：1861 年，巴斯德否定了生命体的自然发生说，在 1885 年，他又发明了狂犬疫苗；1865 年，刘易斯·卡罗尔发表了小说《爱丽丝漫游奇境记》；克洛德·贝尔纳描绘了现代医药；生物学家恩斯特·海克尔创立了生态学；格雷戈尔·孟德尔建立了遗传法则；1867 年，卡尔·海因里希·马克思发表了《资本论》第一卷。

这一时期，达尔文也厚积薄发。在《人类的由来与性选择》一书中，他将人类归入了动物世界，以此回应早先对他学说的指责；翌年，他又发表了《人类和动物的表情》来深入探索这一领域。他还写了一系列不那么引起争论的著作，特别是关于他美丽花园中的植物（他每天都在花园里散步）。这位孜孜不倦的科学家因年老多病，于 1882 年 4 月 19 日溘然长逝，享年 73 岁。虽然他希望被葬在道恩庄园的小墓园里，但最终，在一场隆重的葬礼之后，这位伟人被安葬在威斯敏斯特大教堂，与艾萨克·牛顿为邻。和他这位伟大的邻居一样，达尔文的工作震动了天主教的创世说，改变了世界。但今天，即便整个科学界都在捍卫他的理论，演化论仍然不免被误解和误用，还遭到一些独断论者的挑战。

参考文献

• Darwin, Charles, *L'Origine des espèces*, traduction d'Edmond Barbier, revue par Daniel Becquemont, Paris, Flammarion, « GF », 2008. Le texte original traduit, revu et présenté.

• Lecointre, Guillaume et Tort, Patrick (sous la dir.), *Le Monde de Darwin*, Paris, Éditions de La Martinière, 2015. L'excellent catalogue de l'exposition *Darwin, l'original* (Cité des sciences et de l'industrie, 2015).

• Tort, Patrick, *Darwin et la science de l'évolution*, Paris, Gallimard, « Découvertes », 2000. Comme toujours dans cette collection, une approche du sujet rapide, pertinente et illustrée.

• Clot, Christian (scénario), Bono, Fabio (dessin) et Fogolin, Dimitri (couleurs), *Darwin*, Grenoble, Glénat, 2016. Une bande dessinée en deux tomes sur la vie et le travail de Darwin.

• Keller, Michael (scénario) et Rager Fuller, Nicolle (illustrations), *Charles Darwin's On the Origin of Species*. A Graphic Adaptation, New York, Rodale, 2009. Adaptation américaine du livre sous forme de bande dessinée.

• « Darwin : l'évolution, quelle histoire ! », *Le Monde*, hors-série n°14, avril 2009.

• Reeve, Tori, *Down House : The Home of Charles Darwin*, Londres, English Heritage, 2009. Le livre de la maison de Darwin, au sud de Londres.

• Schuller, Hannes (réalisateur), Lorenzen, Jan et von Flotow, Katharina (auteurs), *Le Grand Voyage de Charles Darwin (Darwins Reise ins Paradies der Evolution)*, 91 min, Arte France, 2008. Un documentaire à gros moyens sur le tour du monde à bord du *Beagle*.

本书编写者

画师: 乔吉娅·诺埃·沃林斯基 (GEORGIA NOËL WOLINSKI)

从法国巴黎第一大学法律与艺术史专业毕业后,乔吉娅重拾了一直以来的梦想——绘画。她进入法国高等视觉传媒学院 (Supinfocom) 学习三维动画,学成后返回巴黎继续绘画生涯。出于对科学的向往和对《物种起源》中诗意文字的喜爱,她为本书绘制了插图。

编写: 贝尔纳 - 皮埃尔·莫兰 (BERNARD-PIERRE MOLIN)

贝尔纳最初为广告业从业者,后转行成为编剧与旅行作家。他在导游行业工作,同时为纪录片和博物馆类电影编写剧本。他还为橡树出版社 (Editions du Chêne) 出版发行的漫画《高卢英雄传》(Asterix) 编写了趣味拉丁语名言录。他被达尔文的经历深深吸引,在此尝试将巨著《物种起源》改写成易读的缩略本。

《物种起源》的法文译本

1862 年,《物种起源》英文原著发行 3 年后,一位法国的自由思想家克莱门斯·罗耶 (Clémence Royer) 出版了首个法文译本,但他的译本不尽忠于原著。法国莱茵瓦尔德 (Reinwald) 出版社还邀请让 - 雅克·莫利内 (Jean-Jacques Moulinié) 翻译过一个并不成熟的版本。1876 年,莱茵瓦尔德出版社出版了翻译家艾德蒙·巴比耶 (Edmond Barbier) 根据第六版《物种起源》所做的精确且科学的译本。本次推出的简化版《物种起源》就是以艾德蒙·巴比耶的译本为蓝本创作的。

致　谢

　　本书的编写组感谢比安（Fabienne）和劳伦斯（Laurence）的信任。 艾丽斯（Alice）和卡琳（Karine）为本书进行校对。马蒂尔德（Mathilde）和绢子（Kinuko）承担了排版工作。

　　本书的画师感谢玛丽斯·沃林斯基（Maryse Wolinski）对她工作的支持，以及对出版工作的帮助。感谢塞德里克·格里姆（Cédric Grimoult）和纪尧姆·勒孔特（Guillaume Lecointre）对编者工作的启发。感谢洛赛琳（Rosalie）和凯瑟琳（Catherine）向作者分享她们对达尔文的崇敬与喜爱，并带编者参观达尔文故居。编者还对苏珊（Suzanne）致以谢意，她为编者讲解了很多科学知识。

"性选择取决于雄性的热情、勇气和竞争力，同样也取决于雌性的偏好与意志。"

——达尔文，1871，《人类的由来与性选择》

图书在版编目（CIP）数据

达尔文的物种起源：插图版 / （英）查尔斯·达尔文（Charles Darwin），（法）贝尔纳-皮埃尔·莫兰（Bernard-Pierre Molin）著 ；（法）乔吉娅·诺埃·沃林斯基绘 ；潘雷译. -- 北京 ：人民邮电出版社，2020.9（2021.6重印）
ISBN 978-7-115-53805-5

Ⅰ．①达… Ⅱ．①查… ②贝… ③乔… ④潘… Ⅲ. ①物种起源－达尔文学说－普及读物 Ⅳ．①Q111.2-49

中国版本图书馆CIP数据核字(2020)第062923号

版 权 声 明

◆ 著　　　[英]查尔斯·达尔文（Charles Darwin）
　　　　　[法]贝尔纳-皮埃尔·莫兰（Bernard-Pierre Molin）
　　绘　　　[法]乔吉娅·诺埃·沃林斯基（Georgia Noël Wolinski）
　　译　　　潘　雷
　　责任编辑　李媛媛
　　责任印制　陈　犇
◆ 人民邮电出版社出版发行　　北京市丰台区成寿寺路 11 号
　　邮编　100164　电子邮件　315@ptpress.com.cn
　　网址　https://www.ptpress.com.cn
　　北京瑞禾彩色印刷有限公司印刷
◆ 开本：690×970　1/16
　　印张：8.75　　　　　　　　2020 年 9 月第 1 版
　　字数：116 千字　　　　　　2021 年 6 月北京第 3 次印刷
　　著作权合同登记号　图字：01-2019-1022 号
定价：49.00 元
读者服务热线：(010)81055410　印装质量热线：(010)81055316
反盗版热线：(010)81055315
广告经营许可证：京东市监广登字 20170147 号